[英] 琳达·格兰特 著
Linda Grant
张虹 译

THE THOUGHT-FUL DRESSER:

穿出来的思想家

The Art of Adornment, the Pleasures of Shopping, and Why Clothes Matter

重庆大学出版社

此书献给你的三代魅力女郎：

锡安纳、鲁斯和莉亚

从未听说过她们衣不得体

目录

Contents

着装从来就不是一件简单的事情：

那么多潜藏的兴趣和复杂的情感与服装密切相连。

作为话题，它会很受欢迎，但也很有风险——乍看起来，

繁华诱人，但却深深植根于种种激情。

关于服装，出于这样或那样的原因，

几乎没有任何一个人会真正地漠不关心，

他们即使不关注自己的穿着，

至少会对别人的穿着评头论足。

伊丽莎白·鲍恩

Elizabeth Bowen

1

女人什么时候会给自己买一双鞋

In which a woman buys a pair of shoes

着装很重要。其实我们在意我们的穿着，如果不在意了，那表明我们心情沮丧、生气或对即将到来的死亡的无奈与顺从。

社会可以容忍贫穷和疾病，你可以因饥饿而死，可以因缺少医疗救助而死，但你不能光着身子出去。在公共场合裸体，是唯一比乱伦还过分的事，就算进坟墓，你都要穿着衣服。

2

穿出来的思想家

时装不仅仅是你穿在身上的衣服，它们还是使你定位于当下的一种手段，也许更重要的是使你的父母惊愕与恐慌的最有效的途径。

我们关心自己穿什么。否则，我们就成了傻瓜了。唯有婴儿不在乎自己的模样，只是因为还没有人给他们一面镜子。

3

女人什么时候会给自己买一双鞋

去年夏天的一天，就在醒来的那一刻，我意识到必须马上给自己买一双新鞋。除了走路以外，鞋子还具有另一个功能。我想要一双高跟鞋，这听起来有点荒唐，但我就是想要那种有着高高的鞋跟很性感的鞋子，我不在乎花多少钱，我必须要买到它们。

我会相信从睡梦中醒来第一个涌入我脑海中的念头，这是我的习惯。我认为一个人越接近睡梦状态，越能接收到正确的信息，无意识了解自己在做些什么，在说些什么。如果它告诉你出去买一双不能用来走路的高跟鞋，一定有它的原因。而对于辗转反侧的失眠中苦思冥想的灵光一现，我从不太在意，我觉得这些都是焦虑的思绪，具有欺骗性，不太可能使你的生活变得丰富多彩。

那天早上我约了发型师。我做了头发，而后兴奋地冲向商业区，我知道我要进行一次意义非凡的采购。不同于逛服装店和包包店，我对逛鞋店没有多大兴趣，甚至还有一丝忧虑。我继承了东欧移民祖先的身形，脚宽、踝粗、小腿肚大，在母亲的子宫里我就孕育出利于今后怀孕的大屁股和便于揉面的强壮胳膊。这些都不是我的优点，任何锻炼也解决不了这个问题。如果一个女人生就一双纤长的双腿，与胸部和手臂相比，她会格外注意保养双腿，使它们保持纤长。如果你没有一双长腿，做多久的普拉提也不会使腿变长。没有方法可以治愈D形腿。成长就是最终让我们明白,生命中总会有遗憾,有永远不能实现的梦想。

因此,买鞋对于我来说永远是一项工作、一项业务。你走进商店,看见一双喜欢的鞋,你向店员询问这双鞋是否有你的尺码,当然没有,如果有,这双鞋也不会很合适,又或者是鞋跟太高,你站起来都要摇摇晃晃。

我沿街逛了所有的鞋店却一无所获,最后走进了一家百货商场。每个大商场对于我来说都差不多,每次走进去都好像我身着一件巨大的毛皮大衣,而这件大衣把我裹得紧紧的。一位高挑纤细的立陶宛女子走了过来,她先是称赞了一番我的"美腿",很遗憾地看了看我粗壮的脚踝,然后默默地递给我一只鞋。不一会儿,我走下自动扶梯时,手里拿着这只鞋和它的"另一半":高跟、黑色漆皮、露趾、超大人造搭扣、杜嘉班纳(D&G)[1]品牌。两只鞋分别装在两个黑色的袋子里,外面又裹了一层黑色包装纸,而后放在一个黑漆色的盒子里。这双鞋花了300英镑,超出了我的承受范围,但我还是把钱花了。

一整天,这双鞋像女王似的坐在我卧室的椅子上——光芒万丈的皮制女王。我目不转睛地盯着这双鞋看,心想,我应该穿它们吗?这是我买过的最贵的一双鞋,但我打算从另一个角度衡量它的价值:它

1. 杜嘉班纳(D&G)公司创立于1985年,总部位于意大利米兰,今天杜嘉班纳(D&G)已成为奢侈品领域中最主要的国际集团之一。(译者注)

将给我带来我所期望的愉悦，我知道这就是我要的。

几天后，我期待的时刻到了，我将第一次有机会穿这双鞋出去，从而揭开它们的诸多秘密：比如它们真的合脚吗？［又或者像去年一样，在店里买了双玛尼（Marni）的女鞋，自以为没有问题，但只穿了五分钟，鞋子就嵌进了我的脚背里，很疼。］穿着这双 4 英寸高跟的鞋，我能够站多久？

后来我知道穿着这双杜嘉班纳的高跟鞋，最多可以站大约两个小时，之后就必须得坐下了。穿着这双鞋我可以走两到三个街区，但这不是关键所在，不是吗？我买这双鞋不是为了走路的，我有其他鞋可以履行这项功能。鞋子是用来保护脚的，使脚掌不会变脏、不会被石子硌痛，但这对于这双杜嘉班纳鞋来说毫无意义。从审美角度来看，杜嘉班纳的这双鞋远远超出了世俗对鞋的定义。它们给了我自信，使我能够平视那些高个子们。黑色的漆皮闪闪发亮，高高的鞋跟让我的身体形成一个性感的弧线。我的背挺得更直，我的衣服更加随身垂顺。而且最重要的是我穿上这双鞋就是要告诉周围的人，快看我吧。

我出生于 20 世纪 50 年代，在我这个年纪的人们更愿意让自己隐没在人群中。

也许这就是我的潜意识要告诉我的。就在那个早晨醒来的时候，我知道我一定要有一双高跟的，穿起来不是很舒服的，事实上根本不可能舒服的鞋。它所传递的信息是——醒目、活出精彩。没有什么比成为一个隐形人，过着隐形的生活更糟糕的了。我的意思是，对于我来说是这样的。有些人，他们不介意隐没在人群中，他们追求默默无闻，这完全适合他们。我与他们不同，我有另外的想法。

我的潜意识并没有警告我在经济萧条来临之际花 300 英镑买一双鞋是鲁莽的行为，也没有建议我付清我的债务，更没有长篇大论地教导我把鞋子修补一下将就着穿。尽管我没有紧随报纸上的金融板块，大脑还自动屏蔽任何有关道琼斯指数的报道，但我的无意识对此还是密切关注着，它一定是在偷偷地听这些新闻，因为它清楚如果黑暗即将来临，至少应该让我有一双漂亮的鞋子让自己打起精神。如果你不宽裕，最好也要表现得很富足，这样可以激励信心——自己的信心和他人的信心。

如果我们终将步入大萧条，我希望衣着光鲜地迎接它的到来。

*

长久以来，我一直在试图找出我们与服装关系的本质，我们为什么喜爱它们，为什么厌恶它们，它们对我们意味着什么，以及我们与服装是如何通过身体的亲密接触而建立联系的。我一直在思考这些问题，但不是站在时尚历史学家或时尚代言人的角度。我并不知道时尚教父亚历山大 · 麦昆是如何剪裁并缝合成衣的。我曾经去过巴黎的时装展，参加了迪奥（Dior）的时装发布会，台上的模特儿像赛马一样撒开蹄子在 T 台上疾驰而过，而我完全没有看明白，直到第二天看了《国际先驱论坛报》上时尚记者苏熙 · 曼奇斯（Suzy

Menkes）对这场秀的评论，我才豁然开朗。观看迪奥时装秀的乐趣在于：我有一个专属座位，座位上的姓名牌上漂亮地刻着我的名字，摄影师们的镜头在灯光下闪闪发亮，面前是华丽精美的时装，所有的一切都让我惊奇十足，就像一个用双筒望远镜观看星星的人突然可以使用哈勃望远镜来观测宇宙。但事实上，我对时尚不甚了解，也不是什么时尚写手，充其量是个业余爱好者罢了。

我从两种角度来理解服装与时尚。既像普通人一样只考虑穿什么（不！不要高腰锥形裤！），又会怀着作家一样的好奇心来关注人类的方方面面，人类的悲欢离合、无关痛痒的小弱点，以及间或产生的英雄主义情怀。

我认为注重穿着是再普通不过的事情了，而对那些装作藐视时尚和追求时尚的清教徒卫道士产生憎恶也是很正常的。他们叫嚣着不要被消费主义冲昏头脑，只有虚荣无知的芭比娃娃才会放着实用又耐穿的衣服不穿，而选择其他服饰。就好像外表并不重要一样，但大多数时候，修饰外表却是我们唯一能做的，有时，甚至是我们残存的生活中仅有的财富。

因此，我不再把那些对热衷服饰的人的嘲笑和谴责当回事了。普鲁斯特（Proust）、弗吉尼亚·伍尔夫（Virginia Woolf）、乔治·艾略特（George Eliot）的作品中都描写过服装并谈到她们对服饰的看法，你也可以去讥讽她们。一些男人就爱评判女人，他们一边批评女人打扮得不够光鲜，一边又指责只有像女人那样既软弱又肤浅的生物才会注重外表，我当然不会在意这些鬼话。

那不过是那些女性厌恶者的高明伎俩。

无一例外，我们所熟知的每一个社会群体都会用服装或文身来装扮身体，这是人类的天性。青铜时期，人们佩戴金饰，预言家提议女子在穿衣打扮上少花费时间，但结果也是白费唇舌。你可以去读《圣经》，尤其是《旧约》，来解密那个时代的流行趋势。17 世纪，英格兰盛行清教徒服饰，并出口到了美国殖民地，还有中国的实用中山装，都在推行没几年后就销声匿迹了。这样的服饰注定会消失，因为人们喜爱不同风格的服饰，追求最新的样式。因此，服饰要满足人们对愉悦和变化的双重要求。

自从我们褪去皮毛之后，衣服便成了我们生活中不可或缺的东西。我们赤裸着来到这个世界，很快就被裹进了第一套衣服里。我们飞快地成长，换下那些穿不下的小鞋、长裤、上衣和短裤，关于衣着，我们开始有了自己的想法，我们总是穿着这样或那样的衣服。尽管我们可能衣衫褴褛，但却没有人是完全一丝不挂的。特蕾莎修女（Mother Teresa）曾说道，一床卷好的睡垫和两套纱丽服便可以了，但却不能没有纱丽服。

人们通常认为思考并撰写有关服饰方面的文章是时尚报刊的工作，或者是归于服饰史学家的学术研究领域。你只要说出“时尚版面”这个词，便能看到他人的嘴角露出的不屑神情。时尚微不足道、无足轻重，而痴迷于外表则是二流智商的标志。

所以，或许你认为服装可有可无。对于大多数人而言，服装不过是细枝末节，并不是生活中必不可少的，离开服装，生活一样继续，就像生活中没有攀岩、洞穴探险、已故李小龙的电影、自制果酱、电脑上经典的杀人游戏或法国作家特里·普拉切特（Terry Pratchett）的幻想小说，我们一样可以平淡地度过一生。

但当我望向窗外，我发现每个人都穿着衣服，无一例外。我们只有在洗澡和做爱的时候（但也不是必须的）才会赤身裸体，其余时间我们都是穿着衣服的。我可以整个上午都望向窗外，看窗外的公路主干线，看来来往往的巴士，思索着人们为什么要穿这身衣服。因为他们要去上班？因为他们要去投递我的信件？因为正在送孩子上学？因为他们要去参加一场面试或是一次浪漫约会？还是因为他们根本没有什么着装概念？

着装很重要。其实我们在意我们的穿着，如果不在意了，那表明我们心情沮丧、生气或是对即将到来的死亡的无奈与顺从。

有些人说他们对着装毫无兴趣，并不在意他们穿什么，我并不相信他们说的话。我想他们不感兴趣的是时尚，他们不想浪费时间追逐潮流。他们购买衣服时力求舒适、合体，这样做无可厚非。但这样的态度只是表象，声称自己不在意外表是肤浅的，因为在你的内心深处你清楚这不是真的，人们都希望把自己最好的一面呈现给他人。人们可能不知道怎样挑选适合自己的衣服，会认为挑选衣服太累太麻烦，他们可能会担心在服装上面的高额支出，因此他们会辩解没有场合穿这样的衣服，或者这些衣服不能彰显他们的个性。但是试想一下，如果就像神话里的仙女施魔法一样，只需挥一挥魔棒就能使一位相貌身材平庸、收入平平的女子穿上一条迷人的衣裙或是一条裁剪合体的牛仔裤，我想没有一个女人不会动心的，除非她有些病态抑郁。这位普通女子看着镜中焕然新生的自己，有时很难达到她所期望的标准，因为想象中自己的形象与他人眼中的自己相距甚远，但这并不是因为她毫不在意，相反，她在意。人们都在意自己的穿着。

*

在人生最糟糕的境况下，如果你一无所有，仅剩的就是你身上的衣服。“我一无所有，”一位在中国地震中的幸存者在废墟上说，这个地方曾是一个城镇，一个城市，但现在已毁于一旦，“我连饭碗都没有，只有身上的衣服。”那些移民过来的人们总是这样表达自己当年是如何只身来到这个国家，从一无所有到在此安顿下来。

社会可以容忍贫穷和疾病，你可以因饥饿而死，可以因缺少医疗救助而死，但你不能光着身子出去。在公共场合裸体，是唯一比乱伦还过分的事，就算进坟墓，你都要穿着衣服。

穿衣是为了保暖，为了遮风避雨，为了防止被低处的树枝刮伤。在人际交往和宗教活动中，衣服可以遮蔽我们的生殖部位，可以掩盖我们身材上的缺陷，如下垂的小腹、男士过大的乳房、松垮的臀部和蝴蝶袖（中年妇女大臂下方摇晃的赘肉），进而避免了各种形式的尴尬。

衣服也有装饰作用。服饰使人愉悦，显示着我们所处的地位，向人们传递着有关我们自身的重要信息。大街上，服装构成了美景的一部分——树木、花朵、建筑物和服装。等交通灯的时间不足以发现一个人的内在美，这种内在美通常被掩盖在凌乱不洁且不搭的宽松运动衣下了。

写这本书不是为了提出相关命题，也不是为了在时尚历史和时尚理论界夺一席之地，而仅是探索我们已知的，但普通大众很少去想的方面。很多人喜欢时尚，却为拥有这种热情而羞愧，他们担心自己的想法不会被认真对待。大声向世界宣告对时尚的专注，人们将承认女人是不会真正地、完全地长大的。女人不像男人，男人成熟且具有成人般的专注，这是人类得以生存下去的必要特质，比如：用脚把球从草地的一边带到另一边。

*

我这一生无时无刻不在关注着服装。即使在我穿着糟糕或是买不起我想要的衣服时，我仍然会观察别人的穿着，并期待自己能够穿上那些衣服。但是你别指望我在穿衣风格和品位上给予指导。我没有那种独特眼光，不知道如何完美地搭配好一套衣服，不懂色彩的搭配，也不清楚哪几种颜色组合在一起可以产生绝妙的效果。我更关注的是服装和时尚带给我的感受。

昨天我约见了一位男设计师，商量我出席一次正式晚宴的穿着。

这次晚宴对于我来说非常重要，晚宴上将会宣布 2008 年布克奖的获得者,而我是唯一的女性入围者。我挑选了一条湖蓝色裙子和高跟鞋，但在他看来，这身装扮就好像我邀请作家索尔·贝娄（Saul Bellow）参加一个读书俱乐部，我们计划在那儿讨论《BJ 单身日记》（*Bridget Jones' Diary*）一样滑稽。他毫不留情地说这条裙子一无是处，甚至裙子上面的针脚都不规则，最后，他给了我一件礼服。这一切应该是发生在那些出席奥斯卡颁奖礼的电影明星身上的。

我认为我知道自己喜欢什么，也知道什么适合自己，但是显然实际上我一无所知，尤其是在一个内行人面前，我完全是个外行，但这并不能阻止我拥有一个外行人对时装的兴趣。我认识到，为我们设计漂亮服装的人们正如那些电影人、小说作家和画家一样，都是伟大的艺术家。他们为我们带来愉悦，并对我们的形象进行改造，尽管我们并不知道他们是如何做到的，也不了解肩缝的裁剪所隐藏的魔力。

*

我对服装的兴趣深深根源于我的家庭背景以及家人对我的教育。服装是我世界的一部分，伴随着我的成长，就像磨面厂主的孩子身上会沾上面粉一样。

我能接受高等私人教育要完全感谢下面这些爱美的女士。这些女士愿意专业人士打理自己的头发：洗、剪、吹、烫、染，这就是我父亲的工作。他把我送进一所建于 19 世纪的女子学校，这是一所专门为有地位的人的子女提供教育的学校，尽管到了20世纪60年代，任何人都可以进入这所学校，只要孩子能够通过入学考试并付得起学费。

我酷爱读书，每天如饥似渴地阅读着各类书籍，很多书甚至超出了我的年龄所能理解的范围，因为我的心中有种渴望，只要自己认为重要的，再难也会去读（我13岁就阅读了《罪与罚》）。我一直在写一些细腻的、富有感情色彩的青少年诗歌，除此以外就在利物浦的马修大街（Matthew Street）上闲逛。这里有很多卖A字迷你裙的小店，店面很小，只有客厅那么大，有的店里还烧煤取暖。现在，这些小店都销声匿迹了，取而代之的是崴格斯百货（Wags'）、克雷奇特百货（Cricket）以及塞尔弗里奇百货（Selfridge' s）。

我为了一条橘红色长围巾，疯狂搜寻彼芭[1]（Biba）时装目录；我在脸上胡乱涂抹玛莉官[2]（Mary Quant）眼影、蜜丝佛陀[3]（Max Factor）

1. 彼芭是一个秉承巴黎及米兰高级定制服传统工艺的高级女装品牌。Biba风格经典而优雅，渗透着欧洲的巴洛克格调，线条简单，裁剪出色。“时尚、简约、精湛、优雅”造就了Biba品牌。（译者注）

2. 玛莉官是著名设计师品牌，20世纪的“迷你裙之母”。玛莉官出生于英国，1966年创立了她的同名品牌，如今玛莉官时装线已经没落，而护肤和彩妆系列仍然是流行于英国和日本的一线大牌。又译作：玛丽奎恩特。（译者注）

3. 蜜丝佛陀是彩妆之祖。连“Make-up”这个专指彩妆的英文单词，都是由蜜丝佛陀提出的。1909年，品牌创始人、美国好莱坞最具天赋的彩妆大师蜜丝佛陀先生创造出第一款清爽彩妆（Flexible Greasepaint），一改当时演员们用厚重油彩化妆效果不佳的问题。（译者注）

铁盘粉底和面膜之类以及芮谜[1]（Rimmel）睫毛膏；我仔细研究简·诗琳普顿[2]（Jean Shrimpton）穿着耶格[3]（Young Jaeger）大衣的照片；考虑自己该少吃多少才能像崔姬[4]（Twiggy）一样苗条，大腿中间能露出空隙。

我的回忆中充斥着和我从未谋面的设计师的名字以及品牌店的名称，他们是：奥希·克拉克[5]（Ossie Clark）、西莉亚·波特维尔[6]（Celia

1. 芮谜始创于1834年的英国，是全球历史最悠久的化妆品牌之一。在欧洲它属于开架式的品牌，但其化妆品的质感却可媲美专柜水准！芮谜不只在英国受到年轻女生的欢迎，也同样的风靡全美。（译者注）

2. 简·诗琳普顿于1942年11月7日出生于英国，她是20世纪60年代继崔姬之后的又一位英国超模，“摇摆伦敦”（Swinging London）的缪斯女神。简·诗琳普顿曾是著名的大摄影师 David Bailey 的恋人。（译者注）

3. 耶格是一家生产经销男女装的英国零售服装公司的注册品牌，其诞生应归功于一位19世纪的德国人耶格·古斯塔尔。（译者注）

4. 崔姬是公认的时尚史上第一位名副其实的超模，是20世纪60年代当之无愧的时尚偶像。（译者注）

5. 奥希·克拉克是20世纪六七十年代最具影响力的英国时装设计师之一，曾被誉为“国王路之王”，拥有大量明星拥趸。他以充满建筑感的精致裁剪而闻名，低圆领、袖子宽大的飘逸斜裁裙是他的标志性设计。（译者注）

6. 西莉亚·波特维尔于1941年出生于英国索尔福德市，曾是20世纪60年代“摇摆伦敦”时期时尚界最有名的设计师之一。她与著名设计师、前夫奥希·克拉克之间的合作被称为天作之合。（译者注）

Birtwell)、爱丽丝·波洛克(Alice Pollock)、让·缪尔[1](Jean Muir)、约翰·史蒂芬(John Stephen)、克罗姆(Quorum)、名仕[2](Mister Fish)、汽车站(Bus Stop)、抓紧你(Hung on You)以及奶奶旅行(Granny Takes a Trip)。

20世纪60年代，那时我十几岁，在这个年纪如果对时装不感兴趣简直荒谬可笑，因为在那个革新的年代，到处充满新奇的事物，只有跟随时尚你才能体会到自己是活生生地存在于这个世界上的。时装不仅仅是你穿在身上的衣服，它们还是使你定位于当下的一种手段，也许更重要的是使你的父母惊愕与恐慌的最有效的途径。因为我们了解我们是生来就年轻的一代，并且我们会永远年轻；逐渐变老是父辈们不幸选择的一种奇特、神秘的生活方式——他们有意成为这样：褶皱的皮肤、灰色的头发、松垮的肉体、不期而至的疾病和老年人服饰。

我为自己挑选的第一身真正意义上的服装是一件棕色的高领毛衫、牛仔裙和绿色圆头漆皮鞋。在午餐期间，我穿着整套行头来

---

1. 让·缪尔生于英国伦敦。缪尔的设计风格是从严谨庄重中体现流动感。缪尔超时代的具有永恒古典美的服装设计使她成为才华横溢的世界著名女服装设计师。(译者注)

2. 名仕，一个享誉世界的西班牙著名品牌。独具匠心的鞋款设计，优质皮革的挑选，严谨、精细、一丝不苟的纯手工制作，成就了“名仕”——“西班牙鞋王”的美誉。(译者注)

到了卡文俱乐部（Cavern Club），就在几个月前披头士乐队[1]（The Beatles）还一直在这里演出。早上从家里出来时，我把整套衣服小心翼翼地藏在了书包里，这样我就可以向教学秘书请假去看牙医，然后乘车来到商业中心，在公共盥洗室里换上衣服，和其他逃学出来的十几岁孩子们排队走进一个潮湿而又充满腐败气味的仓库里。

《汉堡之声》（*Hamburg Sound*）随着低音电吉他和震荡的鼓声传入我们的耳中，少年约翰·列侬（John Lennon）坐在他的卧室里，一遍又一遍地播放着这些从码头酒吧美国黑人水手那儿买来的黑人唱片。莫西河（The Mersey）奔腾向西汇入大西洋，在和弦中似乎可以嗅到空气中咸咸的味道。

我下午才回到学校，昏昏欲睡地听着老师讲《艾凡赫》[2]（*Ivanhoe*）。

就是从那时，我开始关注自己的着装。女人为虚荣支付了昂贵学费，东欧移民的后代、我这个叛逆的少女隐隐约约地感受到可以通过服装来违背父母的意愿。我的父母满足于郊区的生活，他们只

1. 披头士乐队是一支成立于 1960 年的英国利物浦摇滚乐队，乐队在流行音乐史的商业和艺术上都取得了巨大成功。在利物浦和默西塞德郡（Merseyside）地区，披头士乐队拥有大量忠实的歌迷和听众群体，而他们在卡文俱乐部经常性的演出表演早已成为流行音乐界的一个传奇。（译者注）

2.《艾凡赫》（1819）是英国作家司各特最出名的小说，也是其描写中世纪生活的历史小说中最优秀的一部。我国早在 1905 年就出版了林纾和魏易合译的文言文译本，改名为《撒克逊劫后英雄略》。（译者注）

希望自己的两个女儿能够本分顺从，长大后成为贤妻良母。我从母亲那里学会了采购和着装。我按照他们说的做，而后稍加改动。我故意把牛仔裤边磨破，光着脚，一身褴褛，看起来像个肮脏的儿童乞丐，这是当时流行的装扮，但我的父母完全不理解。

我继续尝试各种令人费解的服装：罗兰·爱思[1]（Laura Ashley）挤牛奶的少女装。乘火车到英国西部的什鲁斯伯里市（Shrewsbury）购买棉质碎花连衣裙配馅饼领和同款围裙，整个装束让人看起来好像一直在20世纪晚期的威尔士农场做黄油。我一直是这身古怪的装束，直到它不再流行。取而代之的是毛茸茸的黑色摩洛哥斗篷，是我在布莱顿（Brighton）大街上找到的单品，还有约翰·列侬的圆形眼镜框、粉色镜片和阿富汗天鹅绒绣花裙，裙子上的小圆亮片在阳光下闪闪发光。接下来，我在二手服装市场淘到了20世纪三四十年代的纱制鸡尾酒裙，这就是后来人们所熟知的古董衫[2]（Vintage Clothes）。你真的可以在那个年代只花3英镑买下一件用斜裁法立体剪裁的漂亮裙子。

1. 罗兰·爱思是一个极具代表性的英国优雅品牌，以各式各样富有创意的布饰提供给人们优雅又具有独特品位的生活格调。从仕女服饰到家饰用品，每样作品都以一种整体又协调的形象来丰富生活的观念呈现。罗兰·爱思以其浪漫、充满女人纤细感性特质的印花图案与色彩，且深具英国传统特色与高雅气质的设计风格，渲染出一片英伦气氛。它曾进入世界顶尖品牌100强。（译者注）

2. 古董衫，其中“Vintage”的意思简单地说就是“old”，它发源并繁衍于廉价的二手商店，却并不代表陈旧。它体现的是一种成熟的、历时不变的经典魅力。（译者注）

但是，尽管我的父母对我的穿着灰心丧气，尽管我的母亲多次请求我看看耶格少年装，那种褶皱的格子呢紧身裤搭配窄款鳄鱼皮带和咖啡色高领毛衫无果（它们倾向于让你看上去低调），他们还是向我有意无意地灌输了一个人外表与着装的重要性。因为每一个移民过来的人都明白，没有历史、没有过去，要重塑自身，穿着是何等重要。

但是我所做的一切就是要证明，一个我这个年龄的女孩，在那个年代应该怎样穿着，并照此穿衣打扮。我希望人们按照我的样子来看我，一个有艺术气质的放荡不羁的文化人，在图书馆就像在嘉奈芯大街[1]（Carnaby Street）购物一样自在。

回首往事，每当我竭力去回忆、去记起我当时的样子，想到的往往是我当时身上穿的衣服，因为这些外在形式是我向他人表达我是谁的一种方式。我想到自己曾有一段时间不在意穿着，当时我全神贯注于写作，希望处在一个中性地带；也想起曾有一段时间我对服装失去了兴趣，因为实在找不到可穿的衣服；还想起自己曾有一段时间挥霍无度，买买买是我生活的全部。我可以写一本自传，分析我从出生到现在的服装。

1. 嘉奈芯大街有着不少充满英伦特色的酒吧、餐馆，以及大量独立的时装精品店，自 20 世纪 50 年代末，已有不少才华横溢的时装设计师进驻当时的嘉奈芯大街开店，作为他们与世界接轨的第一站，如约翰·史蒂芬及其众多的追随者。（译者注）

*

然而，我并不只是关注自己。畅想一下服饰，想想我们穿什么，别人又穿什么，可以让我们穿越时空，将那些长眠于地下的逝者的思想和情感看穿，抑或是参透那些饱受生活困扰的人们的内心世界，我们会难以相信他们竟然是我们的同类。我们在服饰博物馆参观之际，看到一个个假人模特穿着保存完好的服饰（这些服装可以追溯至 18 世纪），我们会惊叹于那些美丽的花边、珠子、刺绣等，虽然很少有人想穿这样的服装，但设计师们总是能从过去的服饰中获取灵感，薇薇恩·韦斯特伍德（Vivienne Westwood）就为我们精心打造了迷你伞裙（Mini-crinis）。

我仔细端详那些裙撑、鲸骨紧身衣、圈环裙以及环状领，并没有想象自己戴上这样的钟形帽，而是脑海中浮现出别的女人穿着这些衣服的样子，我只有在试穿新衣服的时候才感觉精神抖擞。

生活在其他世纪的人似乎与我们截然不同，我觉得要是我们突然从高空坠落到 16 世纪的伦敦银街(Silver Street),我们会大声尖叫，几近发狂，在那里，莎士比亚和一家生产头饰的人一起生活了几年。伦敦的大街小巷、露天的下水道，恶臭扑鼻，能熏死我们。但是通过描述性的语言，我们就可以和生活在过去的人达成共识。

因为自从人类学会了写作和思考，便进行了有关服饰的文学创作以及思考。《旧约》一开始就为我们讲述了人类是怎么有了穿衣的习惯，并且不留余地地将这种需求归咎于女人的不诚实，后来又制定了一系列规章制度，强制我们只穿上帝想让我们穿的衣服，还对我们有违上帝旨意的服饰创作加以限制。《圣经》中对异教徒的穿着进行了描述，并且规定犹太教徒不能那样穿，这表明在圣经时代就流行着一种时尚，也就是在几千年后的今天所复兴的朋克风，典型的鸡冠头、大耳环，还有文身。

人类心中的呐喊犹如箭镞在时光隧道中一闪而过，让我们明白对服装充满兴趣没有什么好新奇的。

一千年前，在日本帝国宫廷任职的清少纳言（Sei Shonagan）女士，在其枕边书中写道："洗发、梳妆、穿芳香漂亮的裙子，即使无人欣赏，也会给人带来一种内心的享受。"

不过，观察一下帝国男人的衣柜，一切就颇具嘲讽意味：安倍昌浩（Masahiro）家里有技艺精湛的染工和织工，说到穿着，不管是旗袍、衬衫的颜色，还是外衣的风格，他似乎都比别的男人更优雅。然而，他的优雅所带来的唯一效应就是让人们不禁嗟叹："别人不穿那样的衣服，可真遗憾。"

下面是塞缪尔·佩皮斯（Samuel Pepys）对于赊购的描述："今天早上，我买来了一件镶着金色纽扣的细羽纱斗篷，还有一套丝绸西装，花了我不少钱，上帝啊，一定要保佑我能有钱把账还上呀。"差不多两千年前，罗马诗人朱维纳尔（Juvenal）观察道："这里的人们，都穿着自己根本买不起的衣服。"

*

2007 年 10 月下旬，我开通了一个小型的时尚博客。每天一大早，我就登录最喜欢的两个网站，带着些许的内疚，享受着其中的乐趣。莫罗美鞋博客（Manolo the Shoeblogger）可谓是充满睿智，博学多才，博主是一个美国人（其名不详），他的博客中充满了别人看不懂的英语句子，意在讽刺意大利的鞋类设计师莫罗·伯拉尼克[1]（Manolo Blahnik）和时尚界的空洞语言。他对外界宣称，莫罗大爱这些鞋子！准确来说，我把莫罗作为一个公众形象来看待（我想以后能够和博主通过邮件进行真实的交流），不过，通过他的网站，我日渐培养出了一种审美意识，了解到了鞋子与个性的关系，而且还享受到了片刻的宁静和快乐，也正是这一点让我最终下定决心买了一双 4 英寸高的杜嘉班纳的黑色漆皮高跟鞋。

我早上所浏览的另外一个网站就是国外的名牌包讨论网（Bag Snob），网站实际上是由两个美籍中国女人创建的，很有钱的样子。她们给我最初的印象是五十来岁，就像汤姆·沃尔夫（Tom Wolfe）笔下的骨感社交女名流一样，是上流社会的阔太太，每天随便吃点儿午餐后就飞奔波道夫·古德曼（Bergdorf Goodman）时装店。然而，结果却出人意料，这两个女人，一个住在得克萨斯州的一个小

1. 莫罗·伯拉尼克，又译为马诺洛，1943 年出生在西班牙加纳利群岛的香蕉种园，母亲是西班牙人，父亲是捷克人。莫罗一直是时装界的传奇人物，被誉为世界上最伟大的鞋匠。他设计的鞋典雅别致，流淌着性感的线条，一双鞋愿花 400 英镑作为代价的顾客大有人在。（译者注）

镇上，另一个住在波士顿，她俩是大学时的老友，现在都在家带孩子，整天靠买包包打发时间，其中一部分资金来自网站在线广告的收入。哇！她们可真是了解自己的包包啊。等得克萨斯州那个创办名牌包讨论网站的女人来伦敦参观的时候，我会带上两瓶凯歌皇牌香槟（Veuve Cliquot），在她入住的克莱瑞芝酒店（Claridge）的套房里畅饮，让我也摸摸她那最新潮的香奈儿（Chanel）包包，享受一段激动人心的时刻。

网上有成百上千，或许甚至成千上万的女人都在谈论着时装和时尚。她们中，有的人盯着名人的照片看，真是入神啊，还一边评论着帕丽斯·希尔顿（Paris Hilton）的裙子还有维多利亚·贝克汉姆（Victoria Beckam）的鞋子。其他人则在网上四处搜索，配好整套行头。她们或许还会给读者提供一些信息，告知他们下一季度的流行款式。更亲切的是，她们还会自己当起模特，穿上新买的衣服，在卧室里大拍特拍，再把照片传到网上，你看着这些照片仿佛就像是通过电子眼洞穿完全陌生的人家中的一切，看着她们如何把自己逐渐打造成一位有个性的美丽女人。

最终，我又注意上了第三个网站——街拍博客。街拍能手在大街上看到他觉得穿着得体时髦的行人，就会直接上前给他们拍照，然后把照片发到网上，不带任何评论，而是让读者们在网上讨论哪些装扮加分，哪些装扮减分。

于是，经过一番思考，我创建了自己的博客。最初，我用它来表达自己的想法，为已计划要写的书打下基础。我在里面加了一些我所发现的有关时装和时尚的信息和评论，感兴趣的新闻报道，博文中我还提到过自己一直想买的一条带袖过膝连衣裙，至今未能得偿所愿。恰逢此时，我有了位搭档，就是我的老朋友哈利·芬顿（Harry Fenton），对中年男装，他眼光独到，近乎完美，简直让我想起了20世纪60年代中后期的摩登派风格。

随着时间的推移，博客的这些为数不多的读者形成了一个相当可靠的团体，他们的意见和讨论充满睿智、思虑周全，而且极其有趣。我一边创作构思这本书，一边征求他们的意见。当我问及美国读者对于“9·11”事件过后时尚的发展变化，他们不厌其烦地回忆了那些灾难性事件过后的数天乃至数周时间里的动人片段，真是让我不胜感激，这点足以证明了我的观点：我们的穿着影响着一切。

所以，我的这本书仅仅是想让读者摆脱疑惑，能够在自己开始思考或者谈论服装时少一些困扰。不要管别人在旁边高谈阔论，说什么要关注更加有意义的事情，比如整个星球的命运、伊拉克战争，或韦恩·鲁尼（Wayne Rooney）的脚。

我们得关心自己穿什么，否则，我们就成了傻瓜了。唯有婴儿不在乎自己的模样，只是因为还没有人给他们一面镜子。

时尚必能远离平庸俗世，

令人如痴如醉。

——戴安娜·弗里兰

(Diana Vreeland)

2

欣赏“紧身衣”——快乐的艺术

Seeing‘Bar’ — the art of pleasure

这告诉人们时尚和美丽是超越了死亡和恐惧的，而并非那般无关紧要。政府明白了，时尚和美丽是女人快乐的资本，如若没有了这最基本的欢乐，这份士兵们、水手们以及飞行员们欣赏她们而得到的欢愉也会消失，士气恐怕会消沉。

试着穿上一套时尚服装，使你的容颜焕然一新，也算是在战争期间所尽的一份绵薄之力吧。这种美坚不可摧，即使她们人性中的其他一切都被凌辱殆尽，无法修复。我不明白，倘若这种本性连人格最彻底的毁灭都能经受得起，又怎么能够视为肤浅。

快乐驱动的“新风貌”成了“快乐原则”的缩影，它需要女人的体态得到彻底的改变。唯有借助“妇女紧身内衣”，方可呈现纤腰宽臀，但是，紧身衣在战争期间被认为是无关紧要的物品，面临着定量配给的限制，“除非有医生开的方子”。

去年，我来到位于伦敦的维多利亚和阿尔伯特博物馆（Victoria and Albert Museum，V&A），参观了一场名为“高级定制服的黄金时代”（The Golden Age of Couture）的展览。1947 年至 1957 年间的“黄金时代”，既见证了克里斯汀·迪奥（Christian Dior）第一个时装系列“新风貌”的诞生，又见证了其十年之后的“夭折”。迪奥正蓄势以待创立自己的时装店，与此同时另一时尚品牌巴铎（Bardot）也察觉到了高级服装定制备受年龄稍长的女士们的青睐。

1947 年，我的母亲 29 岁。她热衷时尚，虽然体态娇小，不太适合“新风貌”的宽大裙装，然而，正是通过母亲，我才得以在童年之际便意识到在那些年什么是高雅和华丽，皮衣、珠宝、手套，还有帽子。我看着母亲坐在她豌豆形玻璃台面的梳妆台前，娴熟地梳妆打扮，我逐渐明白女人天生要与服饰和化妆品打交道，倘若认真对待，从中定能得到十足的快乐。我说的认真是指你要做得恰如其分。

维多利亚和阿尔伯特博物馆的展览让我见识了有史以来最为绝妙的服饰，由迪奥、巴黎世家（Balenciaga）、巴尔曼（Balmain）、纪梵希（Givenchy）和哈特奈尔（Hartnell）设计的连衣裙、外套和西装。其中一个展示柜里陈列着一件绣花晚礼服，其上缀满珠饰，好像这件礼服可以独自起身，奔向舞池，享受一曲华尔兹。一位朋友惊呼："天哪，谁能穿这样的礼服啊？"看了看它旁边的卡片上的说明，我大声宣读："女王。"

诚然，我们那矮胖的、头发花白的、常年身着颜色怪异的外套，配以同样怪异的包包和手套的君主曾经穿过这件礼服。

1947 年 2 月 16 日，克里斯汀·迪奥，这位 42 岁身体发福的羞涩男子在位于巴黎蒙田（Montaigne）大道的展厅里向那些对时尚史不甚明了的人，分享了他的首个时装系列。他的父亲在诺曼底拥有一家工厂，每当风向逆转之际，市民们就会皱起鼻子抱怨迪奥家的工厂当天气味太重了。克里斯汀曾试着出售乔治·布拉克（Georges Braque）、巴勃罗·毕加索（Pablo Picasso）、让·科克托（Jean Cocteau）以及马克斯·雅各布（Max Jacob）的作品，然而，自从大萧条初期美术馆遭遇财务危机起，他便开始默默地在罗伯特·皮戈纳[1]（Robert Piquet）经营的时装店工作，并没有引起多大的注意。战争期间，整个巴黎的时尚界联合协作，皮戈纳也不例外。纳粹党人曾试图将"巴黎"移到柏林，但失败了。这项工程太依赖于成千上万的工匠和小型工作室，以及钉珠、羽毛和刺绣方面的专家。这些技术仅在巴黎可见，其他任何地方都只能望洋兴叹，这就是为什么法国时尚独具法国特色，而英国时尚只不过是服装剪裁。[在德国，

1.1938 年迪奥作为设计师受雇于一家由罗伯特·皮戈纳经营的时装店，开始了他向时装界明星地位飞跃的第一次真正尝试。（译者注）

雨果·波士（Hugo Boss）于 1933 年加入了纳粹党，并签署了合同，为纳粹党卫军设计并提供制服。这是另一种风格的剪裁。]

1946 年至 1947 年的冬天，冷得让人难以置信，应该是 20 世纪最冷的冬天。西伯利亚风吹遍欧洲各地。在米兰两名男子冻死了，多佛尔海峡记录了该大陆最低气温。英国的时尚编辑们身上穿着用服装配给券换来的寒酸的、被政府认可的劣质俭朴套装和裙子，外面裹着皮衣。他们坐在镀金的椅子上，关注的不仅仅是整个外围轮廓的变化，更多的是一个全新的着装理念。迪奥首秀的最后，《时尚芭莎》杂志年长的编辑卡美·斯诺（Carmel Snow）称其为一个“全新的风貌”。的确如此啊，早在之前，时尚翘楚也这样说过。

小说家南希·米特福德（Nancy Mitford）[1] 为了和她的情人团聚，在巴黎苦等战争结束，五天后，她写信给自己的妹妹戴安娜·莫斯利[2]（Diana Moseley）[她在霍洛威·哥儿（Holloway Goal）苦苦等待着有朝一日能成为英国法西斯党头目奥斯瓦尔德·莫斯勒（Oswald Mosley）忠贞的妻子]，信中她说，如今她所有的衣服一下子都不能穿了，自己的人生已成为绝望的荒漠。她写道，客户都在与他们争闹不休，就像来到了地下室特卖会一样，每个人都想抢到便宜货。

1. 南希·米特福德爱上了戴高乐的右手人物——他当时被任命在伦敦。第二次世界大战后他回法国，她便随爱而定居巴黎。（译者注）

2. 戴安娜·莫斯利曾是英国法西斯党领导人奥斯瓦尔德·莫斯勒的情妇，后又离婚嫁给了他。（译者注）

一群身着及膝薄花呢短裙的妇女们观看了那首场服装展，而 60 年后的 V&A 展览中，我最后可谓是亲眼看到了“束腰套装”：灰白色斜肩的山东绸丝绸外套，配以芭蕾舞裙长度的黑色百褶短裙。展览所附的短片中是这样描述这套服装的：这种紧身衣对身材要求非常苛刻，腰围不能大于 21 英寸，肋骨要勒得几近变形。然而，我欣赏它的品质，就像我欣赏达・芬奇的画作。还有倒碟形的草帽、黑色手套，以及白色尖头鞋，就是看上去非常高调并很有希望成为一款概念化的细高跟鞋的那种［迪奥的鞋履设计师罗杰·维威耶（Roger Vivier）通过在鞋跟安装一个金属棒来创造出这种鞋子］。我现在终于能理解我母亲所说的低调的奢华是什么意思了（古雅的词汇，现已不用）。

《法国时尚》将“紧身衣”描述为空灵之作，几乎轻如空气。而在现实生活中，穿戴者却被一系列令人痛苦的“枷锁”束缚着。紧身衣与其说是缝制而成，还不如说是建构而成。用迪奥的话来说，这套“紧身衣”是由“纯人造纤维制成，其中塔夫绸或麻纱衬里加重了衣物的重量”，更不用说那些无钢圈束身胸衣、束腰带、薄纱和马鬃衬裙，还有那绑在装饰短裙上的垫臀，以及吸引目光至腰部的皮带了。

这是绝对的折磨，但我不在乎。这是 20 世纪最基本的、标志性的女性服饰。至于穿着这种服饰的愉悦是否能超越其带来的痛苦这一问题，我稍后将谈到。

*

美国作家保罗·加利科[1]（Paul Gallico），战前定居英国，其出版于1958年的小型畅销书《一路水当当》[2]（*Mrs Harris Goes to Pairs*）（英语版译为《献给哈里斯夫人的鲜花》），讲述了伦敦一名年过半百的寡居清洁女工的经历，她曾在一客户家的衣柜里看到了一件迪奥高级定制礼服，便下定决心，无论这个想法多么荒谬，也不管经济条件多么苛刻，她都要拥有一件属于自己的迪奥高级定制礼服。她要全心全意地为之奋斗。哈里斯夫人已然爱上了鲜花，虽然易枯萎但却是担得起的美丽，无论室内是何种摆设你都可以用鲜花来点缀。她第一次了解了人的双手和大脑能够带来什么，正如他们所说的那样，她的人生永远改变了：

……当她站在挂在衣柜里的惊人之作（迪奥高级定制礼服）面前的时候，顿觉自己眼前就是一种全新的美感——这种美是由男人的巧手创造出来的，却巧妙而又直接地深入女人的内心……和人们在浏览彩色抑或是黑白的 *Vogue* 或 *Elle* 的光滑页面时所看到的礼服照片时的感觉是一样的，它们不带有一丝人情味，就好像月亮和星

1. 保罗·加利科，生于纽约市。他有不少小说被拍成电影，有很多是自己或与妹妹宝琳一起改编成电影剧本。1976年7月去世。（译者注）

2.1992年，好莱坞女演员 Angela Lansbury 曾出演过一部名为 *Mrs. Harris Goes to Paris*（中文名译作“一路水当当”）的电影。电影中，她扮演的哈里斯夫人是一位帮助富贵人家打扫卫生的佣人，一辈子最大的梦想就是能像女主人一样，拥有一套属于自己的 Dior 高级定制礼服。（译者注）

星一样远离她的世界，是那么地遥不可及。然而，面对面地看着这样的礼服则是另一回事，这着实让人大饱眼福，看到那灵活巧妙的针脚，用手去摸，用鼻去嗅，用心去爱，内心顿时燃起欲望之火，却与之截然不同……仿佛拥有哪怕是一件这种华丽的女士服饰，她生命中因贫穷而错过的一切，因出身和阶级所致的窘况都可以被弥补。

足球赛赌注赢得的小利加上平日节衣缩食积攒下来的钱，哈里斯夫人终于可以乘飞机前往巴黎蒙田大道，她带着450英镑，大多数钱换成了美元，以规避外汇管制带来的麻烦，她把所有的钱随意塞进她那仿制的鳄鱼皮手提包里。她进入克里斯汀·迪奥的沙龙，“室内强烈的高雅气息，像股强流朝她袭来，几乎将她推出门外……琳琅满目的香水、皮衣、缎子、丝绸、皮革、珠宝还有散粉……这份属于富人的芳醇让她不禁颤抖”。

虽然历经无数次的挫折，如无人邀约，势利的沙龙女经理的刁难，在信用卡尚未流行的年代，她没有更多的钱来支付关税，但哈里斯夫人最后终于得到了属于她自己的名为“诱惑”的时尚裙装。那是一件黑色的天鹅绒落地晚礼服，配以镶嵌有黑玉珠子的裙摆为其增添分量和灵动性，还有那奶油色、粉色、白色的雪纺绸、薄纱、蕾丝上衣。哈里斯夫人在更衣室里试穿这件礼服，犹如走进了女人的神秘世界，“这里仿佛是一个战场，裁剪师傅的功力在与女人老去的容颜较量，试穿了这件礼服仿佛拥有了强有力的武器，正因如此，哈里斯夫人在一个下午便花掉了所有的积蓄”。

在即将结束巴黎的美好一周之际，她就像一位童话中的仙女，设法改变她遇到的每一个人的命运，包括冷漠的女经理和这套礼服的模特儿。回到伦敦，她立即把这套“诱惑”借给了其他人，因为她深知，这些和她一样的人永远不可能真正穿上这样的礼服（什么场合呢），关键是要拥有这么一套礼服。她所要知道的就是，在她的衣柜里有这么一套礼服，只要她想，便随时可以看见。最重要的是，她要知道，她，哈里斯夫人，也终于拥有了一件迪奥高级定制礼服，要知道迪奥高级定制礼服可谓是服装界的“珠穆朗玛峰”和“诺贝尔奖获得者”。

但是，她为什么非要拥有一件迪奥高级定制礼服呢？

这个问题的答案似乎显得有点形而上学，而并非简单地停留在心理学层面。更有甚者，它也许关乎存在主义，与哈里斯夫人的生命、呼吸及存在息息相关。倘若没有了这礼服，她觉得简直没办法活下去。也可以这么说，有生之年，她第一次真切地感受到，在没有这套礼服陪伴的过去的 58 年里，她从未有过真正的自我。鲜花不过代表一种更深的渴求。

书的结尾部分，加利科并没有对这套礼服大加渲染，而突出强调的是哈里斯夫人前往巴黎的旅途以及在那里她所邂逅的人。哈里斯夫人又回到了原点，与她为伴的是那件不能穿的残损礼服，还有满屋子的鲜花。这部小说真正的意义在于她在巴黎结下的友谊，以及这座城市“所赋予她的弥足珍贵的回忆，是满载理解、友谊以及人性美的宝贵财富”。

虽然说得很好，但是我们当中的其他人仍然只是想透过橱窗享受片刻的欢愉，而不会冒险用现有的一切换到一套高级服装。

1957 年，年仅 53 岁的克里斯汀·迪奥突然辞世，当时他开创的新风貌只走过了十个春秋，同年，他的自传发表了，迪奥从他本人的角度解释了为什么他的第一次时装展引起如此轰动。对于当时尚未出生的我们来说，或许“新风貌”毫无新意可言。早在之前，香奈儿就已经开创了一个全新的风貌，并设计了时尚服装，但是迪奥设计的芭蕾舞裙长度的浪漫短裙，窄肩纤腰的时装一度流行了几个世纪，事实上，珍妮·朗万[1]（Jeanne Lanvin）一直都在制作与 20 世纪 20 年代相似的裙装，她的客户和她一样，由于臀部较为凸显，穿不了当时那些妙龄女郎们的时髦管状短裙。

“新风貌”的“新”并不是指它的时尚方面，而是体现在它使得在战争中长期压抑的情感得以释放：由此带来了无比的欢愉。正如迪奥所写的那样：

> 一个黄金时代似乎已经再次降临。战争的阴霾已经散去，新的征战的阴云还未可见，既然人们心里的担子已经卸下，单单这些纺织品又

1.1885 年，创始人珍妮·朗万在巴黎开设了第一家朗万服装店，1890 年成立朗万公司。朗万是法国历史最悠久的高级时装品牌。其创始人珍妮·朗万是在第一次世界大战和第二次世界大战期间十分活跃的名师之一，她开创的优雅精致的风格，为时尚界带来一股积淀着深厚文化底蕴的思潮。（译者注）

怎能让身体觉得沉重呢？我这奢华的材料，这沉重的天鹅绒和锦缎又算得了什么？对于我这个想要从法西斯反动势力解脱出来的贫穷的时尚追逐者来说，富裕仍然离我太远了……我的首批作品被命名为“爱”“柔情”还有“幸福”。女性已然本能地理解到我不仅想让她们更加美丽，而且希望她们更加幸福快乐。因此，她们会经常光顾我的时装店。

*

第二次世界大战所带给欧洲妇女的异常困窘已经几乎被人遗忘。*Vogue* 杂志 1941 年 9 月发行的刊物上，塞西尔 · 比顿[1]（Cecil Beaton）拍摄的一张照片中，一位女士身着迪格比 · 莫顿（Digby Morton）套装、手拿无带提包，正在经过轰炸后的教堂废墟，照片上的石碑上赫然刻着日期 1678 年。

“时尚是永不磨灭的”也许是指那件迪格比 · 莫顿套装的名字，抑或是照片的标题。这一点，至今仍不清楚。

当商店里塞满了中国制造的廉价服装，当时尚周期仅有三周的时候，想要成为时尚很容易。战争强制性地使得时尚大众化。没有人充当时尚先锋，因为时尚已经停止，已被冻结，因为人们需要更合时宜的服装，即便是最富有的人也得穿着舒适保暖，便于夜晚顺利钻进防空洞。水貂或黑貂乃至狐皮大衣因为可以真正保暖，那时

1. 塞西尔 · 比顿（1904—1980），英国摄影师、艺术家、画家、室内设计师，擅长时尚及肖像摄影，他曾获得奥斯卡时装及舞台设计奖，4 次获得美国戏剧协会托尼奖，并在 1970 年获得国际最佳着装奖，出现在他的镜头下的名流包括玛丽莲·梦露、奥黛丽·赫本等著名影星。（译者注）

都已身价倍增（现如今，反皮草运动声称由于中央供暖系统的出现，追逐皮制品的时尚开始淡出历史舞台）。时尚的女性们穿着自己当时已经有的服饰，或将其稍加修改，度过了战争时期。这和消费主义的理念截然不同，这是一种勤俭节约的表现，犹如信条一样深深地植入了那些在战争中步入成年期的女人心中，这种生活本能一直延续到随后的若干年里。

美籍移民伊丽莎白·霍伊特（Elizabeth Hoyt）在英国版*Vogue*杂志《穿过英吉利海峡》这篇文章中写道："服装的供应远远不够，倘若不在黑市花重金购买，人们简直不可能穿得舒服，甚至都没得穿。所幸的是我的衣服尚有储备，战争期间我一直穿着它们，直至穿到破旧不堪。"

即使是在充满死亡和恐惧的时代，人们依然要穿戴，对于那些时尚的女人来说，想要保持时髦的确要大费周折。战争过后的很多年月，很多外部因素都限制了服装的发展，诸如众所周知的在腿上漆出各色图案的技术已经落伍，用歪歪斜斜的针脚来模拟尼龙的外形，引入的软木坡跟鞋取代了木屐和皮革，少得可怜的英国服装配给以及实用风格与超短裙装的冲撞……战时，（英国）国内的服装制作大受阻碍，金属短缺导致针和剪刀无法生产。英国政府当时颁布政策，明令禁止女人们从来自加拿大的护航舰上购买"冷烫剂"，这让她们很是发狂。我的父亲，20世纪20年代在纽约得到了"冷烫剂"的化学分子式，并通过关系在黑市买得了化学原料，凭借他自己的产品“巴里冷烫剂”，成了美发师的供应商，在战争期间开始了他赚钱的生意。在那令人绝望的时代，女人们用园里的甜菜根和其他植物混合调制成了染发剂。

女人们才不去理会有关身处战乱和不要考虑穿戴和化妆的说教。虽然想要得到口红很困难，女人们还是涂上了口红，这就是著名的“红色英勇勋章”：这是对战争的一种反抗。著名的海报，描述了 ATS 监狱长在闪电战中再次涂抹她的口红的情形，这成了第二次世界大战标志性的形象：这告诉人们时尚和美丽是超越了死亡和恐惧的，而并非那般无关紧要。政府明白了，时尚和美丽是女人快乐的资本，如若没有了这最基本的欢乐，这份士兵们、水手们以及飞行员们欣赏她们而得到的欢愉也会消失，士气恐怕会消沉。试着穿上一套时尚服装，使你的容颜焕然一新，也算是在战争期间所尽的一份绵薄之力吧。

20 世纪 70 年代初，琼·伯斯坦[1]（Joan Burstein）便在南莫尔顿街（South Molton Street）创立了时装店“布朗时装”（Brown）[她之前开张的一家牛仔裤店铺，为青少年时代的莫罗·伯拉尼克（Manolo Blahnik）提供了第一份工作]，她在战争期间的衣服都是两个姨妈给她做的。这两个姨妈是宫廷服装裁缝，常用剩余面料给她赶制服装。

1. 琼·伯斯坦，她的另一个名字 Mrs B 更为大家熟知，作为时尚界的教母级人物，她在 1970 年伦敦南莫尔顿街开设的时装店“Brown”，成为很多新兴设计师的成名之地。她是第一个将 Giorgio Armani, Comme des Garcons, Donna Karan, Calvin Klein, Krizia, Ralph Lauren, Alexander McQueen 和 Jil Sander 等风靡世界的高端品牌引向伦敦的第一人。（译者注）

服装模仿了美国杂志以及她在电影中所见的样式。她省下服装票从豪劳克斯（Horrocks）那里买来了几件棉衣。但是，她说你不会觉得自己缺什么，这种匮乏可以让人变得更有创新意识。

她告诉我："衣服和时尚都是让人感觉良好的因素。"年已 81 岁的她，穿着玛尼，手提芬迪（Fendi）女包。"即使是防空队员也会拂起衣袖，或者在他们夹克衫上配上衬衫领。让自己看起来好看些是一种享受，而很多女人会因为她们的丈夫或男友即将休假回家格外努力打扮自己，这就是一个女人的力量。"

战争期间，女人们常常想到服饰、发型和化妆品，无论她们是在布莱奇利（Bletchley）破解密码，还是用发网把头发别到脑后，伏在军工厂的生产线上制造炸弹；或是从巴黎逃至法国南部尚未被占领的相对安全的地方；抑或是在杀戮前被关押在华沙犹太区之际。

法国时装设计师格雷夫人（Madame Grès）发现自己被流放到一个偏僻的村庄，她改用干草、锡和木材精加工出宽松直筒连衣裙。穆迪伯爵夫人（Comtesse de Mauduit）是个美国人，她曾将盟军的飞行员藏到她位于布列塔尼（Brittany）的城堡中，后因女仆告发而被放逐到拉文斯布吕克（Ravensbruck）集中营。法国解放后，她回到巴黎，身上依然穿着那件条纹制服，但是却显得异常优雅，原来，在集中营里她遇到了另一名囚犯，这名囚犯是战前夏帕瑞利（Schiaparelli）时装店的女领班，正是她为伯爵夫人改制了条纹服装。

战争伊始，40 多岁的艾格尼丝·亨伯特（Agnes Humbert）是巴黎人类博物馆的一名美术史学家，她和她的同事们立即成立了一个抗战小组。然而，他们很快就被出卖，遭到逮捕，监禁中亨伯特受尽折磨，有几个月她被囚禁在一个跟棺材差不多大小的房间里，与外界失去一切联系。在巴黎十八区监狱（Prison de la Santé）的共用监舍里，她把狱友们比作“没有苏丹[1]的后宫”。她说：“我们尝试新发型，互相打扮，拆改彼此的服装，读书，讲故事，还交换食谱。”

后来，她被转送到德国，充当苦役犯，这些女奴隶们走在街上，经过了一家时装店：

> 店里有一面大镜子，我看到了镜中的自己。那个干瘦的老女人，穿着她那笨重不堪的鞋子，一瘸一拐地走着，头发散乱着——那个老女人就是我。我举起右手，来确认一下镜中那人是否真的是我……而沿途的其他女人，衣着华丽，散发着浓浓春意。这种悲哀的感觉，如鲠在喉，令我窒息，感觉自己真是滑稽可笑。我们这样游行在克雷费尔德（Krefeld）的街道上，为什么要感到脸红？

解放后，亨伯特与一位美国官员合作，试图帮助那些在残酷奴役中挣扎的人们，帮他们减轻痛苦，并向那些想要回归正常生活轨迹的工头们宣传正义。她知道他们不会相互交换地址，也不会在巴黎重逢：

> ……在巴黎，我穿着裙子，化着妆，还染了头发。现在我是素颜朝天，身穿一条旧裤子，还有那工厂监工的破夹克衫，我在上面缝上了法国国

1. 苏丹：某些伊斯兰国家最高统治者的称号。（译者注）

旗……这就是战争，而我们正身处前线。

与此同时，1945 年 6 月，就在成千上万的德国女性惨遭行进中的苏联红军士兵强暴的一个月后，一位匿名作者用日记形式记录了这件骇人的恐怖事件，也就是之后出品的《柏林的女人》。该作者讲述到她是与一位朋友草拟战后首刊女性杂志，并为其取名。她写道，这一定会让很多鲜为人知的真相浮出水面（饱含“新”意）。

次日，也就是 1945 年 6 月 9 日，她走了 12 英里去寻找可以吃的野菜，以补充体内谷物和糖类的需要。下午，她去了理发店，这是她这么多年来第一次光顾理发店。柏林被轰炸后的照片，向我们展现了一个遭遇空难后，狼藉不堪的城市。破碎的玻璃、漫天的灰尘、街上被折断的树木，就好像是倒塌的石柱，狼藉一地。整片废墟仿佛和庞培（Pompey）一样古老。

不知道理发店的主人是如何设法留存了一面镜子和一个还能凑合着用的吹风机。他从她头发里洗掉了“一磅左右重的尘土”。她写道，做了发型，那些遭受凌辱的人，至少对于他们自己来说，不再像垃圾和碎石那般低贱。

前一个月，在下萨克森州（Lower Saxony），陆军中校默文·威力特·戈（Mervin Willett Gonin）作为首批解放贝尔根 - 贝尔森[1]（Bergen-Belsen）的士兵之一，在他的日记中这么写道：

> 我和我的将士们在接下来的一个月中将要居住在一个“恐怖营地”，

1. 贝尔根 - 贝尔森（Bergen-Belsen）：德国两个相邻村庄，纳粹曾在此设集中营。（译者注）

> 我不知道该怎么准确形容它……说来也巧，就在英国红十字会抵达后不久，一大批口红被运送过来，虽然这两者并没有什么联系。这并不是我们需要的，我们强烈需要的是成千上万的其他物品，我不知道谁会要口红。我多么希望能查出这是谁的主意。也就天才能这么做，简直是绝妙之极。我相信，对于这些女囚来说，没有什么比口红更有用了……终于，有人用实际行动为她们重新点燃了生命之火——她们有血有肉了，不再只是文在手臂上的数字。终于，她们可以花点儿心思打扮自己。正是那口红开始赋予她们充满人性的生活。

那些女人们，憔悴衰弱，身上满是恐怖的褥疮和虱子，脸上一点妆也没化，但唇上却涂着口红，想到这一场景不禁让人毛骨悚然，但是对于她们而言，那些并不重要。在她们看来，镜中她们的容貌，这些她们原本无法看到的，都显得没有那么重要了，重要的是，她们知道口红赋予女人特质，她们再也不是纳粹党人口中的行尸走肉。

柏林落败的女人们、贝尔根 - 贝尔森以及法国抵抗运动中解放的女人们，她们都有一个共同的愿望，那就是美丽。这种美坚不可摧，即使她们人性中的其他一切都被凌辱殆尽，无法修复。我不明白，倘若这种本性连人格最彻底的毁灭都能经受得起，又怎么能够视为肤浅。

*

英国战后紧缩现象比战争期间还要严重。美国政府的马歇尔计划（The Marshall Plan）[1]，虽然帮助德国摆脱了贫困，并重建为一个民主国家，却没有惠及英国，而当时的英国仍然在赔付借贷，承受着巨大压力以期撑到20世纪50年代。快乐驱动的“新风貌”（New Look）成了“快乐原则”[2]（Pleasure Principle）的缩影，它需要女人的体态得到彻底的改变。唯有借助“妇女紧身内衣”，方可呈现纤腰宽臀，但是，紧身衣在战争期间被认为是无关紧要的物品，面临着定量配给的限制，“除非有医生开的方子”。

说到底，“新风貌”的本质在当时就是无聊轻浮、追求享乐、挥霍浪费。简直是没有任何的实用性。英国政府对“新风貌”的反应，就是在竭力否认其存在的事实。当时的贸易委员会主席哈罗德·威尔逊[3]（Harold Wilson），也就是未来的英国首相，禁止*Vogue*杂志编辑艾莉森·塞特尔（Alison Settle）在文中提及迪奥。由于急需靠出口带来收益，可用于满足国内消费的纺织品受到限制，委员会认为“新风貌”会产生对纺织品的额外需求。威尔逊告诉时尚女性，如果她

1. 马歇尔计划，官方名称为欧洲复兴计划（European Recovery Program），是第二次世界大战后美国对被战争破坏的西欧各国进行经济援助、协助重建的计划，对欧洲国家的发展和世界政治格局产生了深远的影响。（译者注）

2. 快乐原则是一种对活动的调节原则，通常包括一个未被抑制的缓解内驱力张力并满足需要的努力；它的出现早于现实原则。（译者注）

3. 哈罗德·威尔逊，里沃的威尔逊男爵，20世纪最重要的一位英国政治家。曾分别在1964年、1966年、1974年2月和1974年6月的大选中胜出，虽然他每次在大选中只是险胜，但综合而言，他在大选赢出的次数，冠绝所有20世纪的英国首相。（译者注）

们再想要更多的裙子，她们得到的会更少。甚至在美国，爱国女性中也有公然不满的。当迪奥亲自巡游美国,宣传他的时装系列的时候，便受到了成群结队的妇女们的抗议，她们排斥这种新的裙型，认为裙长很浪费布料，这些愤愤不平的女人们甚至把裙子从模特垫臀部位撕扯下来。

不过，总会有例外。在一次英国驻巴黎大使馆的秘密会议上，有人给玛格丽特（Margaret）王妃看了“新风貌”。在公众眼中，两位年轻王妃对裙装的需求，对出席国事活动的上流社会服装的需求，常常刺激英国本身服装业的发展。受“新风貌”启发，英国皇家艺术学院开设了其第一个时尚系，设计师如诺曼・哈特奈尔（Norman Hartnell）、赫迪·雅曼（Hardy Amies）、迪格比·莫顿以及爱德华·莫林诺克斯（Edward Molyneux）把英国传统的裁缝业推到了高级定制礼服的时代。

战争的最后，人们极度渴望快乐，也只有那些高尚的苦行僧才会对新服饰嗤之以鼻吧。一套新裙装，对于那些饱经战乱摧残、九死一生的女人来说，意味着什么呢？巴尔曼时尚品牌的一位私人客户在收到新裙子的致谢信中写道：

> 它让我重新爱上了生活。且不提裙子怎么样，单单它的到来就已足够，那身着制服的快递男子，那巨大的新纸板箱，被一层又一层的包装纸裹着。签收的那一刻，我觉得一切都是值得的，生活又一次充满了激情。

谢谢您……

并非所有的人都能拥有一套高级时装，但是每个人都有权想象这么一套时装大概的样式，哪怕再怎么模糊。在工业化生产中，人们用工业方法模仿“新风貌”。每个人都想拥有廉价而又时新的服装。

对于 20 岁的琼·伯斯坦来说，第一次看到“新风貌”，那种感觉就是“啊，天哪！”她深呼一口气。“一定是发生了什么异常奇妙的事情了，这简直是太精美了。这对于女性来说就是一种释放。再也没有什么束缚，这太漂亮、太新颖、太特别了。合身的紧身小夹克，配着可供日常穿着的短裙——从没有人能够想出这种样式。

“这太激动人心了，简直让人难以置信。突然之间，这人已然打造了美丽的女性，她们不再是惨遭不幸、忧郁满腹的女人。那正是他设法要表达的，即便她心情沮丧，穿着这种服装也会使她走出阴霾。迪奥的服饰有一种诉说。而伊夫·圣罗兰（Yves St Laurent）又有什么呢？一件风衣罢了。”

人们再三问迪奥，为什么他的“新风貌”会引起如此轰动。他提到了战前疯狂的时代，夏帕瑞丽戴着她那龙虾似的帽子，战争期间风靡巴黎的前卫（Zazou）热潮：宽肩、短百褶裙、条纹丝袜和厚木底鞋。

“我想这是因为我唤醒了被人们所遗忘的愉悦的艺术。”他谦虚地说。

苦难过后，人们极度渴望欢乐。我们遭受苦痛过后，不是更少关注穿着，相反，我们更加在意穿着。热爱服饰就意味着欣然接受多姿多彩的生活，即使我们所能做的只是翻翻杂志，向往一片乐土，追逐一套我们永远不可能拥有的高级定制的舞会礼服。我们都需要做做白日梦（有所幻想）。一只口红就足以陪伴我们很久很久。

*

这不禁让我想到了凯瑟琳·希尔（Catherine Hill），她的故事为20世纪最阴暗的地方带来了巨大的光明，向世人证明了一个毋庸置疑的事实：即使在死亡的深渊，人们依然可以去追求一顶心爱的帽子。

3

凯瑟琳·希尔：永远不穿黑色服饰

Catherine Hill: Never wear black

我不会把凯瑟琳·希尔形容为一个高雅的女人，因为我觉得高雅包括两方面：时髦和高傲。要获得高雅的气质，要通过对身体的训练，优雅的形体是天生获得并加以后天学习而成。一位高雅的女士，总会略微与众不同，不管上身效果显得多么轻松自然，她的服饰不能有丝毫的不协调。高雅的女人是要令人爱慕的，但若想被人渴求还需要些许的凌乱无序，哪怕是无意间解开的扣子。

48

穿出来的思想家

20 世纪 50 年代风尚的结束，标志着休闲的分体单件装的到来：上衣和下装不一定非得配套，穿的时候也无须诸如帽子和手套之类的正式配件。

我一直认为，时装领域最重要的一点就是用一种全新的方式、全新的风格去再现曾经出现的事物。所以我渴望有创意的东西。

我不会把凯瑟琳・希尔形容为一个高雅的女人，因为我觉得高雅包括两方面：时髦和高傲。要获得高雅的气质，要通过对身体的训练，优雅的形体是天生获得并加以后天学习而成。一位高雅的女士，总会略微与众不同，不管上身效果显得多么轻松自然，她的服饰不能有丝毫的不协调。高雅的女人是要令人爱慕的，但若想被人渴求还需要些许的凌乱无序，哪怕是无意间解开的扣子。

凯瑟琳并不酷，而是性感。据我所知，在她那庞大的步入式衣柜里，除了几件牛仔裤和一个迪奥包包之外，没有一件物品是黑色的。在她那一排排的鞋子当中也没有，这些鞋子都是罗杰・维威耶、莫罗・伯拉尼克以及周仰杰（Jimmy Choo）品牌的。她的头发是淡金黄色的。

她每天早上，起得并不早，梳妆打扮之后便穿过她所在的多伦多（Toronto）大街，到星巴克喝咖啡。附近一带以及整条街道都充满时尚，年轻的姑娘们穿着她们的克洛伊（Chloé）和鲁布托（Louboutin）来来往往。

从不公开年龄的凯瑟琳・希尔，总是身着一件克里斯汀・拉克鲁瓦（Christian Lacroix）夹克衫，今天也许穿着不对称貂皮领的约翰・加里亚诺（John Galliano）夹克。白色和金色的阿玛尼 T 恤下面是靴型裤（“它们不是由设计师专门设计的，是我在一个年轻人的店铺里买的”），她的腰间挂着一条长链，像说唱歌手似的，脚穿一双高跟的罗杰·维威耶金色鞋子。手提一个桑皮革的迪奥包包。喝完拿铁咖啡，她打开一个金色的娇兰（Guerlain）粉饼，照着镜子认真地重新涂上珊瑚色唇膏。

她也并不是如她所穿的那么夸张，但是她对整体外观的要求可见一斑。如果要让我指给你她在哪里，她会在迈阿密海滩已故的詹尼·范思哲[1]（Gianni Versace）宅邸的花园里，在那棕榈树荫下享受着鸡尾酒的浓烈，抑或是香槟酒的芳醇。在新旧世界之间存在着这么一处地方，看似朋克般的奢侈，却始终丰富多彩。

喝完咖啡，我们穿过街道，到了她宽敞的公寓，公寓下面是黑泽尔顿·莱恩斯（Hazleton Lanes），一个汇集高端时装店的购物中心，最近她在这里拥有了自己的时装店。

她打算给我讲述自己的时尚生活，告诉我衣着的重要性及个中缘由。我之所以横渡大西洋，自费来约见她，因为我觉得她是时尚的化身，但我对这个词的理解与时尚界评论家的理解不同。

凯瑟琳首先给我谈了最近让她头痛的事情，接着又讲述了战前她的童年生活。她告诉我：“无论我身处人生的哪个阶段，也无论发

---

1. 詹尼·范思哲，1946 年 12 月 2 日出生于意大利的雷焦卡拉布里亚。先学习建筑，后学裁缝、设计，1978 年创立自己的公司，于 1989 年开设“Atelier Versace”高级时装店并打入法国巴黎时装界，1997 年在美国遭枪击身亡。（译者注）

生了什么，总会有着对过去挥之不去的记忆，我觉得我很特别，与众不同，因为我在大屠杀中幸存了下来。我能死里逃生，是多么的幸运啊，因为我知道生活中还有一些东西要我去展现和证明。这无关成功，只是生活本身——生存，以及生命的延续，这是何等的宝贵。”

*

第二次世界大战结束后的几年，她逃难到加拿大，孤身一人，没有父母在侧，没有兄弟姐妹的陪伴，也没有叔叔或阿姨在身边。在奥斯维辛 - 比克瑙集中营（Auschwitz-Birkenau）的筛选中，她的母亲被杀害，她的父亲因斑疹伤寒症死于营中。解放后，凯瑟琳浑身好像散了架，她曾试图回家，回到她的出生地，然而，随着战事的推进，战况瞬息万变，她的身份和国籍不断变化，家乡已物是人非。陌生人住进了她的家，把她拒之门外。她唯一幸存的亲戚只有一位表亲。

时值隆冬，她身穿一件绿色小外套，脚着一双绿色凉鞋，首先到达北美洲偏远的沿海省份新斯科舍（Nova Scotia），在哈利法克斯市（Halifax）着陆，这是一个灰色笼罩、白雪皑皑的国家。她并不清楚自己在哪儿。这里是不是美国呢？他们把她从哈利法克斯带到了蒙特利尔，这里更适合她，因为她讲法语而不说英语（英语是她的第七种语言）。

来到加拿大之前，她还到过罗马，在那里，她被视为没有国家的难民，和其他难民一样，她一直在等待着，等待着被告知何去何从，等待着分配。同盟国们可不急着收留难民。每个国家对自己想收留的难民数目都有着严格的限制。当时，凯瑟琳受到了美国犹太人联合分配委员会的照料，委员会抵达欧洲就是为了帮助妥善安置难民，为他们找到归宿。

如果能做得了主，她会选择待在罗马，因为据她回忆，那里一切都“取之不尽”——女人们的穿着打扮，琳琅满目的商店，还有那鲜美的食品。惊骇痛苦以及那让人肝肠寸断的孤寂过后，罗马重新赐予了凯瑟琳生活的乐趣。

过了一年左右，她学会了不再充当苦役犯，而是自由地生活，学会了像正常人一样地吃、穿和感受，于是她有了选择新国家的机会，当问到是去澳大利亚还是加拿大的时候，她说“加拿大”，因为它是美洲的一部分——是啊，地图上看起来是这样的。加拿大政府向难民们提出：要想获得加拿大国籍，他们要在那里服务满一年。她既可以在私人家中照看孩子,也可以在医院工作。她两份工作都尝试了。

闲暇之余，她看看电影，翻翻时尚杂志，并读出来，开始学习一点儿英语。这时，她已经有了一个衣柜：一双鞋子还有一些衬衫。履行完合同之后，她觉得自己或许可以做做模特儿。

起初，她暂时在一家小的时装店里做了一名店内模特儿，但是薪水不高，因此她去时尚艺术学院修了一门课程，在那里她平生第一次深切了解到服装制作的过程，并获得了奖项。她说：“我学会了一点儿知识，并有了些许的品位，当我看到我未来的丈夫张贴的广告时，便去应征了，广告中说他们想招富有想象力和了解时尚潮流趋势的女性，其实我没有想到后来他会娶我。”

对于大多数 20 世纪 50 年代的人来说，凯瑟琳是蒙特利尔一个中产阶级家庭的主妇和母亲。她不喜欢谈论她的丈夫，以及他们婚姻失败的原因。她说他是一个好人，很善良，但是与其他很多人一样，他对战争的幸存者的理解还远远不够。

作为一位已婚女士，凯瑟琳开始培养自己对服装和时尚的理解。“我意识到服装的用途，以及给人带来的感受，我真正体会到与服装的联系，但这仅仅只是个开始。忽然之间，我不仅渴望不断享受身着这些漂亮服装的乐趣，而且喜欢环顾四周，开始观察大家的着装，我已经可以说出为什么这个女人穿这个不好看了，我变得有几分挑剔了。”

她任思绪驰骋，以重现罗马的辉煌。她努力去探索 20 世纪 50 年代的生活中可能存在的一切新奇，那是丰富多彩的十年时光，她不断去采购。

1955 年，凯瑟琳生下了她的女儿，她唯一的孩子，并根据她已故的父亲斯蒂芬（Stefan）的名字，为女儿取名斯蒂芬妮（Stefani）。20 世纪 60 年代初，他们的婚姻走到了尽头。她有个朋友，名字很有趣，叫作卢 - 卢 - 贝拉（Lou-Lou-Belle），是一名室内设计师，也在加拿大百货公司伊顿百货（Eaton）的礼品部工作。有一天，她们一起吃午餐，谈到了凯瑟琳即将面临的分居生活，卢 - 卢 - 贝拉建议她找份工作。

她能做什么呢？她一点儿经验也没有，但是卢 - 卢 - 贝拉告诉她："凯瑟琳，你那么有品位，一直都很时尚，你应该考虑往时装业发展。"并说她可以为凯瑟琳预约一下伊顿百货的面试。

凯瑟琳不知道在一家百货商店求职该穿什么。她戴上珠宝。他们带她去见了采购经理，经理是法国人，他说她看起来很富有，无须工作。薪水不高，每周只有 60 美元左右。她觉得虽然这么开始并不乐观，但是也相当不错了，因为这意味着自由。凯瑟琳想要的是自力更生，而不是什么生活费。她说："我很不喜欢律师，不喜欢对簿法庭，不过，我依然要求公正，于是我决定不再需要任何人的钱，我只是想要自由。我所接受的那份工作是我职业生涯当中所做的明智决策之一，因为那开启了我的时尚生涯。"

这份工作比她想象的要累得多。她说："每天晚上回到家，我都要在泻盐里泡泡脚。我都无法坐下，简直太困难了。大部分女售货员都是 60 多岁，她们穿着低跟鞋，而我穿着高跟鞋，还有结婚时穿的衣服。我疲惫不堪，工作让我精疲力竭，得从早上九点待到晚上六点，然后才能回家，照顾女儿，准备晚饭。那真是段艰难的时期啊。"

尽管身心疲惫，但正是早年在伊顿百货的经历，让她学会了评估商品，使她明白了 20 世纪 60 年代早期在加拿大最大城市之一女装销售领域的巨大不足。这里有老妇人穿的廉价衣服、美国服饰，还有少量的欧式服装。

她还说："我意识到欧洲人和加拿大人极大的区别在于，加拿大人总是来到这里寻找适合特殊场合穿的服装，而欧洲女人则是起床、穿衣、赴宴。”

霍尔特·伦弗鲁（Holt Renfrew）是专供上层阶级消费的商店，伊顿百货试图小规模地加入这一市场。凯瑟琳研究库存，她学会了区别好坏。早在罗马，她就已经见识了“非常多的服饰”，并且是时尚杂志的热心读者。其中有一位采购员出生在巴黎，他为时装店采购了一些服装，当时称之为休闲装，这可谓是 20 世纪 50 年代风尚的结束，标志着休闲的分体单件装的到来：上衣和下装不一定非得配套，穿的时候也无须诸如帽子和手套之类的正式配件。搭配在一起，休闲装格外时髦，这就是最时尚的潮流，没有人能够完全确定这一切是如何发生的。

倘若不是有一天一位顾客来到店里，请求凯瑟琳为他的妻子找一件漂亮的礼物，或许她已经离开了伊顿，去更广阔的天地发挥自己的天赋，而不是待在这里出售那些用于婚礼和受戒仪式的普普通通的女装。

凯瑟琳总是坦率地说出自己的想法。甚至在童年时代，她就习惯了说实话，她一向心直口快，从来不顾后果。她依然清晰地记得，在学校，她是班上唯一一个敢于向老师承认自己没有完成作业的女孩儿，当然也就不可能知道答案。她的快言快语，会给她带来麻烦，但是有时也会让那些她所遇到的人感到惊奇，并消除对她的戒备。

“他是一位年长的绅士，衣着很讲究。我看了看他，自言自语道，

‘那么你想要什么呢，一条围巾吗？’我说，‘如果你想为妻子挑选一件礼物，我认为你应该去别的店看看，因为我实在不知道这里有什么合适的。’”

第二天，她被叫到采购经理办公室。经理对她说：“你说得太多了，昨天你和一位绅士讲话，说了我们百货商店的不好，说这里商品不怎么样，生意也不好。你知道你在跟谁讲话吗？那是杰克·伊顿（Jack Eaton），这家商店的老板。”

“我开始哭了起来，因为我知道我随时都有可能被解雇。他说我多嘴。看我还在哭，他就从口袋里拿出手帕递给我。”经理告诉她，杰克·伊顿要把她送回欧洲。

他送她回去，并给她25万美元，是想让她采购商品。这可真是个童话故事，不过，当然啦，童话故事偶尔也是会发生的。伊顿在努力地与霍尔特·伦弗鲁竞争，但是他的库存出了点儿问题。如果连适合他妻子的好商品都没有，那么又有什么可供蒙特利尔的贵妇们消费呢？

她首先来到了伦敦。伊顿在每一个主要的时尚之都都有办事处，但是凯瑟琳来了，告诉他们进的货物都不理想。与那些本该支持她的人意见相左，的确很让人为难，也很有压力，但是伊顿百货的采购员，并不知道20世纪60年代的时尚界究竟发生了什么。

“我决定要站稳立场，寻找新的设计师，所以我为公司采购的所有商品和其他采购员买进的截然不同，那时，我为公司招进了英国设计师弗兰克·亚瑟（Frank Usher）和琼·缪尔（Jean Muir）。我只知道这些货物是什么时候来的，我们将它们摊放在店内地板上，不仅要进行分类整理，还要招些新人来卖这些服装，我们要招些年轻人进来。”

凯瑟琳在欧洲颇具创新的采购，为她自己带来了一个独立的专卖店，新奥尔良（New Orleans）时装店，该时装店最后遍布全国每一家伊顿百货。她从美国引进了比尔·布拉斯[1]（Bill Blass）以及安妮·克莱因[2]（Anne Klein）。“我当时颇有名气，拒绝购买仿制品，在蒙特利尔，有很多企业生产的衣服很漂亮，但是他们又是怎么做的呢？他们去了欧洲，模仿别人。我拒绝这样，我说，我不想掺和这种事情，我要去欧洲、美国买进衣服，于是他们很不安。我创造了一种新的氛围，但是最重要的是，我的采购能创造财富。”

她认为，20 世纪 60 年代她在伊顿百货的这些年，是革新思想不断实践的十年。她时常穿梭在纽约、巴黎、伦敦、米兰一家又一家展销店，寻找品位独特、不同于加拿大任何个人创作风格的作品。“我只是在买进我所喜欢的，以及我认为对我个人和这个城市有意义的东西。这段时期让人兴奋不已，受益匪浅，我所经营的这个漂亮的时装店，位于三楼的中间位置，我的竞争者聘用了来自巴黎的设

1. 比尔·布拉斯 于 1970 年收购雷特公司并改名为 Bill Blass，以创始人的名字命名。比尔·布拉斯的服装是质朴与原始的完美结合。款式是高品位和永恒优雅的。它那不可抗拒的魅力，征服了美国社会。（译者注）

2. 安妮·克莱因，美国著名女性时装品牌，创办人安妮·克莱因，其服装设计充分反映出简洁利落的纽约式风格。30 年来持续在纽约时装界有着举足轻重的地位，并被认为是“美国时尚风格”的同义词。（译者注）

计师，而我则不得不创作一些价格更低却能与他们的产品抗衡的作品来。”

整个20世纪60年代，其他的一些时装店一直想把凯瑟琳挖走。60年代末，她被邀请到多伦多的克雷德（Creed）时装店接管时尚总监职务。她决定离开不只是因为金钱和地位，还包括战争期间返回欧洲的双亲所缺乏的——高度的危机感以及那种自我保护的本能，这种本能告诉你，一旦你有能力走出去，一定要离开。

那十年里，一个分裂组织，（加拿大）魁北克解放阵线（The Front de Liberation du Québec）连续发动一系列恐怖行动。1969年初期，他们轰炸了蒙特利尔证券交易所；年底，又袭击了市长住所。1970年，他们绑架了一名卓越的政治家皮埃尔·拉波特[1]（Pierre Laporte），之后又将其杀害。

“我感觉我要离开蒙特利尔，这场谋杀让我看到了某种危险的存在，我嗅到了战争的气味。不能坐以待毙，这次我要聪明一些，要避开这场战争。我受到邀请出任克雷德时装店时尚总监，那里有设计师荷芙·妮格（Herve Leger）和桑德拉·罗德斯（Zandra Rhodes），这是我在伊顿百货望尘莫及的，因此我就有了去欧洲购买的机会，便接受了邀请。”之后，她便和女儿搬至多伦多。

在佛罗伦萨，她看到了意大利服装品牌米索尼（Missoni），黛

1.1970年10月，魁独恐怖组织魁北克解放阵线（FLQ）绑架英国贸易专员詹姆斯·克罗斯（James Cross）和魁省政府劳工厅长安埃尔·拉波特（Pierre Laporte），并残忍地将后者杀害。这就是加拿大现代史上轰动一时的“十月危机”。（译者注）

安娜·弗里兰曾将其带到美国，并发表著名宣言“这里不仅有颜色，还有色调”。在他们的展示间，凯瑟琳喜欢上了“之”字形样式，那扩散的色彩，以及充满智慧的设计。加拿大没有人购进米索尼品牌的服装，该品牌只是在最近的美国《女性时装日报》上才有所报道。她告诉老板要买下这个品牌。那天他们去哈里酒吧（Harry's Bar）吃午餐，老板告诉她米索尼品牌的服装是卖不出去的。

“我从纽约购进了人造皮草，我们去巴黎买进朗万品牌，但是，无论我做什么，他都觉得不稳妥，都会表现出惊讶。没人知道他们受到了什么打击，他们无法理解这种混搭，这种风格本应该是很受欢迎的。他对我失去了信任。他们做了愚蠢的事情。我买进了一件女装，比方说是 3000 美元或 4000 美元，其中一个助理就会决定把它交给多伦多的一家制造商，仿制出百十来件，再把这些仿制品放到真品旁边，以 200~300 美元的价格将其出售。”我说：“埃迪（Eddie），你不能这么做，你这样是在毁掉自己的生意。”但是员工们担心他们的工作。

20 世纪六七十年代的加拿大女性，品位很保守。米索尼开始出现时，确实很休闲，不过色彩很鲜艳，而如今根本没有什么革新的东西在里面，但是要她们来理解这点，需要用些方法。我一直认为，时装领域最重要的一点就是用一种全新的方式、全新的风格去再现曾经出现的事物，所以我渴望有创意的东西。我在伊顿干了七年，接触到了销售系统和买手权术，他们总是因为去年见了二十来件海军套装，就去进货。他们从来不敢担风险，因为他们担心自己的工作，担心要卖的东西，他们如此这般，日复一日，从来不曾有过创新的精神或是欲望。

一天，老板解雇了她，说她没有采购的天赋。

这对于她来说，无异于毁灭之击，这种对她的否决，顷刻间把她推回到了原点。

“我只是想使我战后重获新生，对得起每一分每一秒。对于和我一样曾去过奥斯维辛（Auschwitz）集中营[1]的人来说，生活的意义是不同的。我们整天想入非非，追逐片刻的欢愉和些许的幸福。就在这座城市里，我有了一套极好的顶层公寓，有了自己的女儿。然后，我却丢掉了工作。一切突如其来的打击，伤得人痛苦不堪、遍体鳞伤，然而它终归还是发生了，因为它要把我推到另一件事情上。总是有这么一个固定的模式，就是这种突发事件，我对它总是束手无策。它告诉我，我才不管你有多么努力呢，你必须要做其他事情了。这一点你根本阻止不了。

于是，她的第二个“孩子”诞生了，那就是她的商店，“凯瑟琳之家”（Chez Catherine）。

1. 奥斯维辛是波兰南部一个只有 4 万多人的小镇。第二次世界大战期间，德国法西斯在此修建了欧洲规模最大的集中营，小镇因此闻名于世。

专门设计防毒服装，价格公道，每套 40 美元。该套装是纯油绸制成，有绯红色、杏色、玫红色、紫色、青绿色和淡粉色。穿上防毒服装，穿戴者可以在芥气里行走 200 码，而且只需要 35 秒钟，即可将其套在普通服装外面。该套装配有一双特殊的手套以及防护罩，该顶罩可以掩盖普通防毒面具保护不到的头顶部空间。

1939 年哈维·尼克斯（Harvey Nichols）广告

4

致时装店

To the shops

生活就像永恒的现在时，她努力挣扎着，却往往无法逃离。时间就好比一个监狱。唯有服装和购物，可以带她逃离这种地狱，医学科学丝毫发挥不了任何作用。每当她购物之际、每天早上她在衣柜里挑选白天要穿的服装的时候，她才有了片刻的自我。

“购物”这个动名词，在 18 世纪中期以前并不存在，因为它不同于今天我们所理解的购物。如今的“购物”涉及女性这种纯粹的具有革命意义和解放意义的行为。

男人享乐的天地有酒吧、餐厅、台球室以及妓院。而女人们则在商店和美容院里享受着生活。

尽管百货商店里没有妓院，女人们也能找寻到一种新的感官诱惑。

如果你想了解国外城市的生活，想知道那里的人们日常做些什么，他们买什么、穿什么，那就去超市吧。只有富人才买得起廉价鞋，只有一件事比身无分文更可怕，那就是看起来像是一个穷光蛋。

我的母亲，81岁时死于血管性痴呆。很短一句话，她快说完的时候，往往记不得开头说的是什么了，这多少有点儿让她无法享受交谈的乐趣，尽管她已风烛残年。在母亲生命的最后几周时间里，她大脑中控制语言的部分逐渐丧失其功能，她开始说些支离破碎的怪异话语，如果你听得足够仔细，会发现，她说的是一些单词和音节，有英语，还有意第绪语[1]，后者是母亲的第一语言，但是生病的这几年里，她似乎把意第绪语全忘了。

她留给这个世界的最后一句完整连贯、没有语病的话，就是对我妹妹所说的"我喜欢你的耳环"。她过世的几个月前对我说过的最后一句话是（她认得出来我是她的女儿，而不只是她所知道的其他人）："我不喜欢你的发型。"

但是，在母亲因失禁以及其他病痛折磨而不能动弹之前，心智健全的她仍然能够全身心投入去做的就是买衣服。她时常在街上闲逛，边喊边抱怨，我抓紧她的胳膊，生怕她被撞到。她知道，命运对她很残忍。然后，我们就一起前往阿佩尔街（Upper Street）玛莎百货（Marks and Spencer）较小的服装店，这时候她就来劲儿了。她又有了存在的意义，她能够鉴别针织衫的质量，知道这个季度的

1. 意第绪语，属于日耳曼语族，是中东欧犹太人及其在各国的后裔说的一种从高地德语派生的语言，全球大约有300万人在使用，大部分的使用者还是犹太人。（译者注）

裙摆在她那瘦小的骨架上是否好看。购物者灵魂的呐喊“我要！”在母亲的血液中奔腾。有一次，我对她说对于特定的某些邮区，玛莎百货已经有了送货上门的服务。她说：“哦，是吗？那你可要大出血啦。”过了一小会儿，她抓住我的胳膊问我是否看到了玛莎百货可以送货至某些邮区的说明……

我带她去买一套服装，参加我妹妹的婚礼。上了电梯，她就抓住了一件拉夫·劳伦（Ralph Lauren）裙装和耶格衬衫。她拿着这两件衣服，在商店里快步走着，口中念念有词“因为我必须找到与海军蓝色搭配的颜色”。由于衬衫领口太大了，露出了她那饱经沧桑的脖子，她又是哭喊，又是跺脚。我第一次真切地感受到，她之所以总戴着一条围巾，并非因为她怕冷，而是因为她懂得女性需要遮掩的艺术，她明白怎么去遮丑，怎样去彰显美丽。她丝毫没有老来俏的意思。

我给她买的这套衣服，价格不菲。之后，我们乘坐出租车回家，回到那个我和妹妹违背她的意愿“关着”她的地方（因为我们觉得她不能独自生活），车上她拿着购物袋，容光焕发地看着我，眼里充满了天真和困惑，她问我：“我们是什么关系啊？”

我相信，即使大脑的某些至关重要的部位被疾病破坏，我们的本真，我们的灵魂（如果你愿意这么理解的话），也会完好无损。据神经学专家奥利弗·萨克斯（Oliver Sacks）所说，一个男人，把自己的妻子误当成一顶帽子，却仍然可以坐在钢琴旁，演奏协奏曲。

我母亲一向擅长购物，这是她的最爱，也是最持久的兴趣。最终她明白了保持活力的方法，而不是随着理解力衰退，惶惶不可终日，在煎熬中度过一个又一个孤独的时刻。生活就像永恒的现在时，她努力挣扎着，却往往无法逃离。时间就好比一个监狱。唯有服装和购物，可以带她逃离这种地狱，医学科学丝毫发挥不了任何作用。每当她购物之际、每天早上她在衣柜里挑选白天要穿的服装的时候，她才有了片刻的自我。

大萧条时期她长大成人，并于战后结了婚，成为 20 世纪 50 年代典型的年轻主妇，那是富足欢乐的十年时光，充斥着貂皮披肩、珍珠项链、钻石别针和意大利制造的精美手提包。我卧室外的隔板上，就有一排她的精美包包。

几年前，一位著名的女权主义者的女儿告诉我，她的母亲很难相处，不过她很佩服母亲这种敢于捍卫正义的勇气以及这种强烈的道德观念，她从母亲身上学到的这些经验，会永远影响着她。她问我从母亲身上学到了什么，我想了一会儿，想到了印刻在我童年记忆中的一句话：一个好的手提包能够成就一套非凡的装扮。母亲去世的时候，我们将其写进讣告，并刊登在《犹太记事》（*The Jewish Chronicle*）上：

> 久病之后，天生勇敢的她教会了我们如何去尊重别人，告诉我们心灵鸡汤可以拯救一切，一个好的手提包能够成就一套非凡的装扮。

*

母亲早年便开始热衷购物，读到这里你就会发现，很显然，这也正是她的两个女儿从她身上所继承的。她让我们深深觉得，购物是一项很严肃的活动，必须要认真对待，它需要毅力以及我们所习得的技能。决不能将它视为家政的附属成分。它本身几乎就是一种职业，因为想在郊区穿戴适宜，就意味着你需要搞清楚自己在做什么。

和我祖父母一样，我的外祖父母也都是在世纪之交从乌克兰基辅（Kiev）市郊来到了伦敦。我出生之前，他们都已去世，所以我从来不曾认识他们。从小到大，我一直以为外祖父是个补鞋匠，而事实上他还不及一个补鞋匠，这更让人震惊了：他挨家挨户去买最近去世的人的鞋子，翻新之后就让外祖母拿到布特尔（Bootle）集市的地摊上卖掉。这给西蒙·马克斯（Simon Marks）带来了商机，于是他创建了玛莎百货，而我母亲的家族，却没人大发其财。除了一个兄弟成了橱柜制造商，其他人都进入了成衣业。

六个孩子中，我母亲最小，当她还在学校读书的时候，哥哥姐姐们都已经开始工作挣钱了，后来她的哥哥姐姐们都说她是个“被宠坏的孩子”。她有的，他们没有，比方说皮鞋。因为当时皮鞋要到重要场合才穿，以防这昂贵的皮革遭受磨损。

20 世纪 30 年代之前，工人阶级习惯了只有两套衣服的生活，一套日常装平日穿，简直是天天穿（包括内衣），另一套最好的衣服留到周日穿。衣服的价值能充分反映人们当时的真正财富，一件男士衬衫就可能花掉一周的工资。即使是中产阶级，他们的套装也没有我们现在的多。平常穿的衣服不能再修补或者改制（我记得我小的时候有的家庭依然使用这种方法）的时候，就会被改成孩子的衣服。大人们得到一套可供安息日（Sabbath）穿的新衣服的时候，他们周日穿的衣服就会变成日常装。时髦和随意之间并没有明显的界限，男人们每天都穿着衬衫，打着领带。

我母亲那时还是个少女，她常常和所有的伙伴们一起，夹着一段布料，去裁缝店，当时的衣服只有一种样式，唯一有变化的就是领口处（圆领、V 领或船领——任你选择），所以她们亮相舞会的时候，基本上穿戴一样。母亲想要的远非这些，我不得不相信她常常会绕着城镇,店里店外去找埃米莉·廷尼（Emily Tinne),我们都知道，她是世界上第一个有记载的购物狂。 母亲会来到全市最高档的百货商店乔治 · 亨利 · 李百货商店（George Henry Lee' s）, 扒着玻璃窗，看着埃米莉 · 廷尼在里面购物。

从 1910 年的某个时候起，埃米莉 · 廷尼就开始购物了（我母亲 8 年后才出生），30 年来，她开创了个人大宗购物的先河，疯狂地购买新衣服，这种行为直到 1940 年才终止，因为当时政府发行了购物证，范围不只涵盖食物，还有衣服。战争结束时，她将近 60 岁了，或许最终心中没有了那种强烈的购物欲望，或许更可能的是，支撑她长期以来疯狂购物的钱财已然被花光了。

廷尼女士所买的连衣裙、大衣、内衣、鞋子、披肩和皮衣，多得让人一辈子都享之不尽，几乎成了最大的女士个人服装博物馆，专门容纳一个女士的衣服，彰显其个人风格，其中有一小部分服装2005年在利物浦沃克艺术画廊（The Walker Art Gallery）上被公开展出。廷尼，可以称得上是一个真正的购物狂，她买完衣服，常常甚至都不打开包装。那些衣服在原包装盒里足足“躺了”半个世纪，还有那写有购买日期、价格和地点的票据。

和这座城市大多财富一样，她家里的收入主要来自咖啡、棉花、海运和朗姆酒。廷尼家拥有利物浦第一辆汽车。埃米莉的女儿亚丽欣·廷尼（Alexine Tinne）医生对我说，她觉得她母亲之所以开始购物，是因为她感到无聊。她说："她是个聪慧的女人，进城买东西只是想找点儿事做。"

展品中，并没有什么名牌标志，没有波烈（Poiret）、香奈尔、莫利诺埃（Molyneux），甚至也没有苏珊·斯默（Susan Small），正因为此，埃米莉·廷尼的衣柜才会如此的吸引人。和绝大多数中产阶级普通女性一样，她主要在当地的百货商场购物。截止到20世纪60年代，利物浦至少已经有五家这样的商场，从标签来判断，埃米莉明显喜欢的有乔治·亨利·李百货商场和临近的乐蓬马歇百货商场（Le Bon Marché），后者1961年由前者接管。这些商场纷纷创造了各自的最新款式。

令人困惑的不仅仅是大部分衣服都没有穿过，而且就是她几乎都没有机会去穿这些衣服。作为当地一个家庭医生的妻子，她很少有机会盛装出席一些场合，廷尼家族似乎也不怎么活跃于社交活动，她丈夫每天晚上都要做手术，他们很少参加聚会。或许和战前许多中产阶级家庭一样，这对夫妇经常身着礼服赴宴，但是他们的女儿对此没有印象。她说："我记得我母亲穿着一些不怎么好看的黑色衣服，她不很时髦，我实在想象不出她穿这样的衣服。（要是那样的话，）她的家庭应该会震惊的。"

至于为什么埃米莉·廷尼买了那么多衣服，很明显的一点就是这座城市本身命运的变化。1910 年，她结婚时，利物浦正值鼎盛时期，是当时大英帝国最重要的港口城市，也是连接各殖民地的重要通道，来自非洲和美洲成千上万吨的货物经由默西河（Mersey）运输。20 世纪 30 年代，受大萧条的影响，利物浦经济陷入困境。英国国民健康保险制度（NHS：National Health Service）建立之前，廷尼医生通过他在艾格柏斯（Aigburth）的中产阶级的手术室为加斯顿（Garston）工薪阶层的穷人提供医疗救治。亚丽欣·廷尼认为她母亲之所以买那么贵的皮衣和晚礼服，是因为她想帮助商店里那些把佣金作为唯一收入来源的女孩儿们。她的购物其实是一种慈善活动。

随着她这种不受控制的购物狂热日益加剧，衣服的存放成了问题。廷尼家搬到了位于艾格柏斯占地 3 英亩的克雷顿屋舍（Clayton Lodge）。到了 20 世纪 30 年代，他们没有几个仆人了，于是她用原本仆人的住处存储她之前买的数不清的衣物。她把这些衣服装进了茶叶箱，战争期间又移到了地下室。1966 年她去世了，享年 80 岁，之后她的女儿再也不能维系这么一个大房子了，便开始想法处理她母亲的这些衣物。她说："当我打开地下室，看到那么多东西的时候，真是心烦意乱啊，不知道那些板条箱里面到底是什么，我每周取出两个箱子，博物馆那边会有人过来取。"

难道埃米莉·廷尼这种购物狂热是一种病态，一种心理紊乱？还是这只是一种个人极端的嗜好，正如我们很多人都酷爱购物一样？说她是一位不快乐的女人，似乎讲不通，相反，女儿印象中的她是一位慈爱的母亲。她不需要，也没有机会和身材去穿类似于电影中珍·哈露（Jean Harlow）所穿的那种斜纹露背绸缎晚礼服，但是这种礼服满足了她内心的某种欲望。她完全有这种经济条件，她想帮助店里那些贫困的女孩儿们，而且买衣服也不会有什么害处。

我认为，购物是埃米莉·廷尼的兴趣所在，这样就有事可做了。或许正如她女儿所指出的那样，她最初只是想打发无聊的时光，日渐成为一种习惯。她的丈夫长时间工作，她在家里守着一座大房子和仆人们，她的职业技能完全没有派上用场，但是她喜欢购物本身，她喜欢待在商店里，这样的结果就是，在她逛商店的同时也花钱买了很多东西。或许如她女儿所说，这就是一种慈善行为。但是，如果她真的为大萧条时期商店里那些贫困女孩忧虑的话，她本可以投入政治或者慈善活动中的，或者是做些安置工作，也就是后来人们所熟知的社会工作。

然而，她继续做她所喜欢的事情，那就是购物。

在我看来，我母亲观察廷尼女士购物，一定很享受。你甚至都无须乘坐公交把商品带回家，因为乔治·亨利·李百货商店会有专车直接送货上门，而且还会开具发票。乔治·亨利·李百货商店那里有茶室和餐厅。你可以点一份精美的午餐，也可以戴顶小帽，蒙着面纱，享受着美味的蛋黄酱。

20 年后的 50 年代，我母亲本人就是这样，逛逛商场，吃吃午餐，我在后面费劲儿地追随着她，不过有时她会带着我试穿纯手工缝制的宝蓝色丝绒连衣裙，黑色漆皮 Start-rite 品牌 T 字高跟鞋，配着白色蕾丝短袜。我们家房屋前门附近的一张休闲桌上始终立着一座手工上色的我的雕像，就是上面这身打扮，而且波浪形假发上还挽了个蝴蝶结。我们家的房屋建成于 1959 年，是一位来自利兹（Leeds）的室内设计师装修的，是乔治四世与康斯坦斯·斯普莱相结合（George IV meets Constance Spry-style）的装修风格，基本色调是浅绿色和金色。

我母亲购物，是因为购物就是她的工作，也是她的擅长之事。随便走进一家商店，她可以准确无误地挑出里面最贵的商品，她的眼光简直不可思议。虽然她几乎从来不曾有钱买店里最好的东西，她却知道什么最好，因此知道要怎么盘算才能尽量得到它：如什么时候会打折，哪里可以买到真正好的仿制品，或者哪家二手商店有这样的存货。

换句话说，她很有品位。她的品位通过各种渠道得到了提升，如阅读杂志，听取朋友的建议，但是最重要的是，她花了足够多的时间真正地待在商店里，用心观察，学着鉴别好坏，精挑细选。朋友们争着要和她一起去购物，因为她们清楚她会带她们去适当的商店，让她们试穿她觉得适合她们的衣服。

可怜的她，一头扎进了60年代。女儿还故意磨损牛仔裤的裤边，还挎着一个用类似旧地毯布料制成的手提包，而不是耶格手袋。

不过，所有的女儿最终当然也变得和自己的母亲一样，母亲的一切都已深入我的内心。我曾经很多次经历过同样的瞬间，某个春天的早上，商店刚刚开门营业，我身穿得体的服装，沿着邦德大街（Bond Street）走着，身上散发着恰到好处的香水味道。整个人行道上回响着咔嗒咔嗒之声。我是个到了一定年龄的女人，这很好，因为到了这个阶段，别人应该不会再鲁莽地问你的年龄了。

我有了（享受时尚的）资本。能够享受地沿着邦德大街漫步，能够走进爱马仕（Hermes）品牌店询问有多少人在等候爱马仕铂金包（Hermes Birkin）（“女士，目前等候名单已经满员了，我可以把你加入欲进入等候名单的顾客中去”），为什么不登记到等候名单中去期待你现在尚且负担不起的高档品呢？这最起码意味着有朝一日你或许可以花3500英镑买到一个铂金包，即使你很清楚自己不会这么做。

为购物而辩护，难免会演变为一场支持资本主义的争论，我们也就跨入了政治领域，如果你想了解政治，而不想涉及人文精神以及在逆境中如何幸存（说到这儿，飘柔的发展历程还是值得借鉴的），那么你可要买别的书了。

大多数反对购物的人都认为它就是一种获取的行为，是一种贪婪的表现，过度索取本不需要的物品，但是广告和市场营销都让我们觉得我们需要这些东西，这种情况就是马克思所谓的“虚假意识”。我们都是受骗者，而只有那些坚定的个人主义者才能不那么冲动地大规模消费。

当然，还有一些人，他们坦言自己反对购物，并不带有任何政治倾向，只是他们实在受不了把购物视为一种活动，在他们看来，那纯粹就是在浪费时间。

我们这些视购物为乐趣的人要坚决反对他们。这种乐趣究竟包括什么呢？为什么其他人体会不到呢？为什么他们反而觉得恐慌，面对着他们所谓的“太多选择”而不知所措？我为什么喜欢欣赏别人的花园，却眼睁睁看着自己的花园一片狼藉，任凭那植被荒芜，杂草丛生？因为我懒得走出去整理，费死劲儿地让它花团锦簇、郁郁葱葱。我会看着花儿凋零，缺水而死，然后为之忧伤。有时我脑海中会一闪而过这种念头，打开门给花儿浇浇水吧，但事实上我却无动于衷。不过，清晨醒来，思绪从漫漫长夜回溯到白天清醒状态的一刹那，我就会意识到，新的海军蓝亚麻夹克衫需要配一条略带红色的围巾，这时，我急得就像热锅上的蚂蚁，直至冲到商店找到那条围巾。

*

“购物”这个动名词，在 18 世纪中期以前并不存在，因为它不同于今天我们所理解的购物。如今的“购物”涉及女性这种纯粹的、具有革命意义和解放意义的行为。那些拥有可支配收入的中产阶级女性，能够走出家门。此前，商品或者商品制造者会登门卖货，裁缝或者小贩们会把商品挨家挨户地卖给穷人们。女人们购物的传统，不仅是因为她们掌管着家用开支，或是因为她们喜欢装饰。因为任何服装史都告诉我们男装清淡柔和的配色，那没有装饰的表面，还有那速度如冰川消融般的风格变化都是 20 世纪才出现的。16 世纪的男人身上穿的是绣金衣服和镶有宝石的护阴甲。

女人们 19 世纪开始真正地购物，开始走进商店，这是妇女解放的第一步，是妇女赢得选举权道路上的一个阶段。

“Shopping”这个词第一个为人所知的用法记录在《牛津英语词典》（*OED*）里：“据说，女士们上午感到厌倦心烦的时候，就会出去购物。她们会叫辆马车，一家店一家店地挨着逛。”在范尼 · 伯尼（Fanny Burney）1778 年发表的小说《埃维莉娜》（*Evelina*）中，与小说同名的女主人公埃维莉娜初到伦敦时，在给家里写的信中提道：“我们刚购物了，对，就是购物，米朗夫人是这么说的。”这表明，这个词对于埃维莉娜这个外地来的女孩来说是陌生的。“Shopping”这个词，没有前缀“a-”的记录最早出现在范尼 · 伯尼 1782 年的日记中：“两三年前，他们在葛泽斯（Gauzes）的一次购物中就花了

20 英镑！”

伯尼笔下的女性是在伦敦、巴思（Bath）的布商小店里或市集上购物的。购物，作为一种时尚活动，始于 19 世纪，是伴随着工业革命、大规模生产以及百货商场或者大型超市的发展而兴起的。

铁路运输使得人们能够迅速抵达市中心。城市变成了特大都市，成千上万的人在这里居住、工作。伦敦的新郊区从其中心以扇面形状扩展开来，维多利亚式的联排房屋里住满了职员、打字员、鞋子推销员，他们搭乘火车去上班。没有城市，就没有我们今天所理解的购物。如果没有最初城市的形成，就不会有城郊购物中心的存在，铁路运输造就了城市，而汽车则带来了购物商场。

有两种类型的生活，一种在城市的大街小巷，你要展现给世人看，另一种主要停留在车上或室内。正如纽约和洛杉矶各自不同的时尚所展现的那样，街上的风格与车内的风格截然不同。19 世纪，最先活跃在街头巷尾的是众多的女性，她们出入工作场所和形形色色的商店。最初，“资产阶级的女性出门都要身披斗篷蒙着面纱，毕竟女人们抛头露面不太体面——当然，她身边必须得有女性陪伴或是有男仆随从。”伊丽莎白 · 威尔逊（Elizabeth Wilson）这样写道。到了 19 世纪 60 年代，纽约的女人们已经穿上了基于狩猎装改良而成的第五大道散步装（The Fifth Avenue Walking Dress）。女人们在新建街道间穿梭就好像一场体育活动，或者是像慢跑一样需要穿着专门服装来锻炼。

1883 年，埃米尔·左拉[1]（Emile Zola）发表小说《妇女乐园》（*The Ladies' Paradise*），该小说以巴黎的乐蓬马歇百货公司为背景。1852 年以前，它不过是圣日耳曼大街（St Germaine）左岸地区[2]（The Left Bank）一个大型的布料店铺。之后由商人亚里斯泰德·布西科（Aristide Boucicaut）接管，后不断扩大规模，直到 1887 年，它已占据了一整个城市街区。后来到了 1914 年，它发展为世界上最大的百货商店，其规模超过了纽约的梅西百货公司（Macy's）、芝加哥的马歇尔·菲尔德百货公司（Marshall Field）以及位于伦敦的塞尔弗里奇百货公司。

左拉为他的小说拟订计划的时候，认为现代的百货商店就是现代生活的一种象征：

> 通过《妇女乐园》，我想为现代化的活动赋诗一首。因此，这是人生观的一种彻底转变。生活千万不要以愚昧和悲哀而告终。相反，要让生活在源源不断的劳动力、无穷无尽的力量以及那源自高效生产率的喜庆之中圆满结束。总而言之，沐浴着世纪的阳光，让我们一路前行，让我们赞美这个世纪，因为这是一个充满行动和征服的世纪，是一个各方面都汇聚辛勤努力的世纪。

1. 埃米尔·左拉，自然主义创始人，1872 年成为职业作家，左拉是自然主义文学流派的领袖。19 世纪后半期法国重要的批判现实主义作家，自然主义文学理论的主要倡导者，被视为 19 世纪批判现实主义文学遗产的组成部分。（译者注）

2. 左岸地区位于巴黎塞纳河左岸，是作家、学者和艺术家的汇集之所。（译者注）

影片《电子情书》（*You' ve Got Mail*）讲述了一家小书店受到一个大型连锁书店挤压，濒临倒闭的故事，与之类似的小说《妇女乐园》则描述了附近街道上小型布店的破产。这是资本主义残酷无情的表现，但是对于女人们来说，能去百货商店购物意味着她们在争取自由和解放的道路上有了重大进步，因为百货商店内几乎是她们的地盘，她们可以尽情欢乐（现在也大都如此），可以在那里待上一整天，真正享受家庭以外的全部社交生活，无须陪护。

左拉描述了首批现代形式的商品营销手段，对顾客进行吸引和诱惑：为店内待售商品做广告宣传；免费开放（欢迎光临，免费参观）的策略，第一次把逛商店、购物视为一种享受活动，而不是非要买到特定的商品；固定价格（谢绝讨价还价）；对顾客不满意的商品，予以退货；店内明显混乱、让人迷惑的布局使得顾客要穿过许多不同的货品区，才能找到他们想要的东西。所有的这些都是百货商店的创新之处。最重要的是，百货商店赋予了“商店”新的意义，犹如一场视觉盛宴，正如左拉所阐述的那样：“无论是精美的包装，还是周遭温馨明亮的环境，到处都弥漫着欢愉，让人如痴如醉。”

平板玻璃窗和灯光成就了橱窗展示，沿着林荫大道，享受橱窗购物成了闲逛者的日常活动。迈出家门，来到街上，沿街观赏道路两旁美丽诱人的物品吧！走进店里，在百般怂恿和盛情邀请下喝一杯茶，吃一块蛋糕，享受一下面部按摩，让那些身着长礼服的英俊青年精心地服侍——这难道不比待在家里，受着维多利亚时代的家长管制，还要管理整个（维多利亚式的）家庭以及一群女仆要好得多吗？

19世纪，购物活动遭受攻击，不是因为消费主义的唯物论，而是因为购物使顾客和女售货员都获得了自由，帮助她们摆脱了家务这一苦差事，并且让她们接触到了香水和围巾这样美好的事物，而不再是煤桶和夜壶。商店里则完全是另一番天地，丈夫和父亲们也就鞭长莫及，无力控制了，这里有第一家日本茶室（梅西百货商店，1878年），之后又开了一家占据整个楼层的餐厅（塞尔弗里奇百货公司，1902年）。

男人享乐的天地有酒吧、餐厅、台球室以及妓院，而女人们则在商店和美容院里享受着生活。在商店里开设餐厅和美容院，女人们就有了一个她们自己的公共舞台，而男人们可不会来这里，他们对此也不会感兴趣。

尽管百货商店里没有妓院，女人们也能找寻到一种新的感官诱惑。如左拉所描述的发生在手套柜台旁打情骂俏的场景：

> 手套部，有一大排的女人坐在铺着绿丝绒有镍金镶边的狭长的柜台前面；满面笑容的店员们把一些亮粉色的扁平盒子从柜台里搬出来，摆在她们面前。整个柜台就像一个注有标签的档案柜，所有货品分门别类整齐排列。米格诺有一张漂亮的娃娃脸，他的身体前倾，口中抑扬顿挫而柔和地发出小舌音，俨然一个真正的巴黎人。他已经向戴佛日夫人（Madame Desforges）卖出了一打羔皮手套，这种“乐园手套”是这家

> 店的特色产品，后来她又买了三副山羊皮手套……他半靠在柜台上，握住她的手，翻来覆去，拉上扯下，尽情爱抚，一个手指又一个手指把手套给她舒平了。他注视着她，仿佛等待着她的脸上会微波荡漾，泛出红晕……“我没把您弄痛吧，夫人？”

*

商店，和电影院一样，都是梦工厂。店里出售的是魔力、梦幻以及无法实现的欲望。我们看到了商品，只是大部分都不属于我们，然而，在那琳琅满目的商品中，哪怕只停留几个小时，就已足够。

走进牛津街（Oxford Street）上的塞尔弗里奇百货公司，迎面而来的是让人悸动的乐曲。在开阔的底层，徜徉在各类化妆品、珠宝和包包之间，就好像在参加一个盛大的街头派对，陌生人还会主动提出为你重新化妆。如果我一头扎进出租车前往位于骑士桥（Knightsbridge）的英国高级百货公司哈维·尼克斯（Harvey Nichols），一切将会变得安静而又雅致，在这里你可以近距离地接触到各种精美的时尚。

对于我来说，关键就是接近各种时尚的服饰，看看杂志上出现的时装，了解一下它们的面料、质地和色彩。把一件海军蓝外套贴到胸前，看看深蓝色是否会显得皮肤暗淡，还是会提亮肤色。虽无意购买，我想试穿一下唐娜·凯伦（Donna Karen）设计的毛线衫，因为我想知道为什么人们对她的服饰赞不绝口，她又是如何剪裁的。

购物，不要刻意去买，你就能够连续数小时沉浸在时尚里。我们平民百姓不去看什么时装展览，我们进入不了这些工作室。我们永远无法拥有一个爱马仕铂金包，但是我们可以去看、去感受、去体验。这是一件真正的巴黎世家礼服。你可以接近时尚的本源，感受时空和欢愉飘忽不定的奥秘，这个风格瞬息变化的世界，充满了活力，激情四射，惊奇无限。进入商店的目的并不一定就是购物。这只是一种冥想、一种心绪、一种疗法，是为那颗疲惫的心寻觅的休憩的港湾。比我更虔诚的人或许会坐在圣保罗大教堂的大圆顶下，冥想上帝，思考无限。祝他们好运。我旅行的时候，很少欣赏风景，尤其不愿意观看教堂的十字形翼部、中殿，或者是教堂建筑的其他部分，更别提废墟了。

如果你想了解国外城市的生活，想知道那里的人们日常做些什么，他们买什么，穿什么，那就去超市吧。在国外的时候，我很少买早餐谷物食品或者面包，但是看着别人做这些事情，比起穿着鳄鱼皮鞋跟着导游的遮阳伞到处游览来讲，能让我们对这个城市了解得更多。

*

我认为，购物的方法犹如狩猎与采集的差异。在商店里待着跟购物本身毫无关系，因为你只是在看，只是在享受购物表层最纯粹的乐趣，但是这更像是在英国国家美术馆（The National Gallery）待上个把小时，一间间地观赏，真是让人大开眼界呀。对于男人和女人来说，这是迥然不同的。

男人走进一家商店，很清楚自己要买什么，想尽快找到衬衫在哪里（最好是在一楼,越挨近门口越好,这样他就不会绕得晕头转向）。他看见衬衫了。看到了一件尺寸合适的衬衫。起初看到那么多商品可供选择，真烦恼，他有些手足无措，头晕目眩，因为在野外，任何时候，周围都只有一种移动餐车贩卖的食品，他有点儿恐慌，突然，他指向一件衬衫，说道："就那件。"然后便拿着衬衫去收银台结账。他认为衬衫的价格应该不受款式、设计师以及布料质量的影响。衬衫就是衬衫，还能有多贵？衬衫装进了袋子里，交易完毕。他赶紧离开商店，购物就这样结束了。

也许他拿着衬衫回到家，妻子看了下，决定第二天去退货，然后花上足足 40 分钟重新挑选一件衬衫。

当然，这只是泛泛而论，而且有点儿性别主义者的倾向。我知道的就有很多男人跟女人一样喜欢购物（也有一些女人讨厌购物），但是女人天生就有一种很好的直觉，进入商店的一瞬间她那"采集"的本能就会立即锁定。

有两种类型的购物。一种是任务型的，就是要找到一条略带红色的围巾来配那件亚麻布夹克衫。或是一条聚会时能穿的裙装，一件冬衣，也或许是最令人恼火的搜寻，只为找到一双真正能穿的鞋子。另一种就如同我上文概述的那样，并非真正想买东西，只是想看看店里有什么，饱饱眼福，娱乐一下。

任务型购物好比是军事演习。假设说，某人有个目标，就是买一件冬衣，他决定不要黑色的，要买件其他颜色的。这种搜索就涉及对冬衣的勘察，包括本季的风格、衣服的长度、扣子排列（双排扣还是单排扣）以及是侧开叉还是后开叉。现在才是整个购物之旅，先是大体看看，简单了解一下大衣的基本情况以及本年度流行的颜色。然后到了选择颜色这一步，比如说你想找的是深巧克力棕色，你就开始试穿一件又一件大衣了。

有着中意的巧克力棕色、合适的款式、衣长刚好，总之一切恰到好处的大衣就是一件 1500 英镑的阿玛尼（Armani）大衣，这是不言自明的。此刻，从让你负担不起的乌托邦式的美好幻想开始，一切都变得越来越让人沮丧。这构建了一种柏拉图理想型的(Platonic ideal) 大衣,为了找到它,你得花掉后半周的时间（或许是你的余生）。

你试穿一件件大衣。作家 E. M. 德拉菲尔德（E.M.Delafield）在她 1930 年出版的讽刺性小说《一位外省夫人的日记》中描述了这种经历：

> 试穿了五条连衣裙，却很难发现它们有什么好看的，我的头发越发蓬乱了，鼻子上搽的粉也越蹭越少。更烦人的是，那些女店员，在那里喋喋不休，没有一点儿分寸，一再强调我喜欢的这些颜色白天穿起来会很难堪，晚上才会好一点儿。

带着买的目的去购物，会让你的双脚和神经都崩溃。不管你想要什么，他们都没适合你的号，要么就是颜色不对，或者显得你的臀部就像两个船头，探出了港口。有时候，人注定就是要失望的。你找不到任何自己喜欢的。你只能退而求其次，把不是很中意的一件带回家，心想：“我刚刚做了什么？”

既然买衣服给人那么多惆怅，只是偶尔带来一些欢乐，那它为什么又不同于生活中其他的一切呢？这就是生活，它不是时尚写真的一个场景，有着喷枪彩绘，PS 处理过后的高度样本化的完美。

最终，你会找到一件巧克力棕色大衣。在未来岁月里，你会在二月初寒冷的一天，站在埃菲尔铁塔下拍照，或是坐在威尼斯的小汽船里，或是风姿绰约地待在你的新家外面，你会对着过往的陌生人、那个抬起手的男人、那个哭泣的孩子，以及 15 年来你开开合合的前门上不熟悉的色彩苦思冥想，然后说道："我记得那件大衣。我花了整整一周才找到，不过它很完美。我再也找不到比这件更好的了。"

另一种形式的购物，就只是想看看店里有什么，闲暇之际，工作之余，我的大部分生活就是在各种店里活跃。这种形式的购物通常不会有什么消费，除非是家庭基本的需要：更换睫毛膏啊，或者是买两件化妆品啊之类的，买这些东西，会免费赠给你一个化妆包，里面装着其他产品的样品，但多半是你用不着的，只能送给朋友十几岁的女儿。

观看、研究、思考，很可能还会试穿。我能穿红色吗？也许可以，但是穿多深的红色呢？抱过来一摞红色的衣服，上衣、连衣裙、大衣还有夹克，然后贴身比比看看，或许最好还是拿到试衣间去试穿，如果你下次真想去买东西的话，这会给你很大的启示。新的季度会有新的款式，不去真正试穿，你永远不可能知道衣服合不合适。

*

近来，可能是因为年纪大了，还有经济情况的不确定性，我购物的时候，显得成熟了，而不再像个十几岁的孩子。我不会再去说什么，哦，看哪，我要买这个，而是开始学会了先思而后行，当然也不一定就有多么地小心谨慎。

经济不景气会使人们停止购买衣服，起初，表面上还有一定的效果，因为人们也会对消费主义、购物和支出心生厌倦。在家自己煲汤也是很温馨的，不用再去一家普普通通的餐馆，点一道不冷不热的饭菜，任服务员随便往桌上一放，脑中还盘算着自己能拿多少小费。既然没有什么机会外出，谁还需要再去打扮呢？这种身穿牛仔裤和T恤的简单生活似乎带来了一种全新的生活方式，人们着装风格的变化就好比从城市搬到了农村。

你心满意足地看着那些冷清的店铺。你能感觉到清教徒（Puritan）这种节俭的美德犹如冰水一样在你的血脉中流淌。你廉价出清所有的伊特包[1]（It bags），接着又注销了易趣（eBay）账户。你意识到自己已经好几个月没买《时尚》杂志了。你不知道巴黎、伦敦或米兰有什么时装展演。你也不关心这些了。你不知道为什么凯拉·奈特利（Keira Knightley）要穿一件端庄的高领衬衫配着一个蝴蝶结。你不再了解，因为你已经跌落到时尚的边缘，直到某一天，在大街上被两个专横的时髦女郎强迫着看看镜中那个中年的、衣着邋遢的女人，你才恍然大悟。

---

1. 伊特包，不是“它”包，而是“一定要拥有的”包。所谓It，实际上是Inevitable——“不可避免”的意思。一只名牌包，无论小号、中号、大号还是特大号，无论漆皮、羊皮、流苏铆钉亮片还是PVC，只要It，就不可避免地大卖。（译者注）

我所写的并非我本人，而是想象中的一个形象，因为经济不景气的那段时间，我最不愿意让自己感到沮丧，如果我穿得寒碜，或者是因为想节约而放弃了去追逐时尚潮流，我就会很郁闷。所以，购物还是必须要有的，只是不那么频繁了，而且有了更多的思考，因为经济衰落的时候，你没钱再去滥买一些便宜但不实用的衣服。因此，这些年来，我们家的两句座右铭犹如凯旋的号角一样回荡着——只有富人才买得起廉价鞋，只有一件事比身无分文更可怕，那就是看起来像是一个穷光蛋。你是知道的，我的祖父母着实很穷，这不是一时半会儿了。所以，比起我们这些涉世未深而又有福气的子孙来说，他们对购物则有着更深刻的理解。

于是，我有个计划：买一件我负担得起的最贵最漂亮的冬衣，不买什么最便宜的。因为是著名设计师的作品，每次我穿这件大衣的时候，就会知道我已经为抵制通胀采取了保值措施，后来，我破产了。我喜欢堕落的老女人的形象，她们穿着自己最后一件貂皮大衣，坐在咖啡馆里，一边抽着香烟，一边喝着一小杯抑制食欲的咖啡。我买这件大衣，根本没有考虑过未来会是怎样。纵然嘴唇干裂，口红渗到裂缝又有何妨，最起码别人看到我们涂口红了。经济不景气之际，你不能让生活也黯淡无光。

最终，所有的店都免费开放了，包括那些金碧辉煌的大教堂，只要你打扮得体，你就能随时出入。现在你就要去买些服装了，因为在贫困的未来你需要这些衣服。

任何时尚，

倘若构成不了诱惑，

就谈不上成功。

——克里斯汀·迪奥

(Christian Dior)

5

性感

Sexy

……打扮得性感是肤浅的。商品只是在展出。而性感本身是由内而外的。当一个人在思考深奥和肤浅的时候，没有什么比性爱离理性的思维更遥远。

性感不是做爱的欲望。性感也不是激发那些看你的人性欲的武器。性感就是一种心态，就是要理解衣服里面是身体，身体里面是人的本能和欲望。

换言之，性感就是一种存在状态。是一种证明自己还活着的方式。是皮肤和衣料之间的摩擦。是一种对你与他人空间距离远近的感受。

许多女人到了中年或更年期，就不再觉得自己是女人，或是感觉自己已经不再受到男性关注。她们的着装宣告了她们已经“出局”，已经告别了女人时代。既然她们认为自己不再受到关注，那就算她们有感觉，她们的穿着，她们的感受又有什么意义呢?

我曾与设计师爱莎浪格[1]（Avsh Alom Gur）共赴午餐，当时他正在筹备奥西·克拉克（Ossie Clark）2009春夏时装展。我们走进了他的工作室，他给我看了面料样、草图、立体裁剪以及一两件成品服装。

谈到他脑海中的服装，他说："我把它们称为我的假想朋友。"直到给布料染上合适的颜色，锁定合适的线源，工人们做好了一件样品，这些所谓的"朋友"才能成形，他才能第一次见到它们。

我问他，衣服为什么重要？

他立即答道，衣服让女人觉得性感。

这话多怪啊，你能马上知道它是什么意思，但是它到底意味着什么呢？看起来性感，能刺激别人的欲望。而感到性感，则是对衣服里面肌肤的自信。

在那次午餐之前，我从未想过服装和性感之间的关系，也从未打算过为之写点儿什么。为自己而打扮的女人不会为男人打扮。正如一个朋友曾说，男人眼中的女人就是一个模糊的粉色轮廓。当然，我明白我们的穿着表达、宣告，甚至高声呼喊出了我们的性欲，但那是因为，除非男人去红灯区找小姐，否则他们不会关注女人的穿着。很多男人都是如此。

然而，AV的反应如此强烈，我不得不承认感到性感和看起来性

---

1. 爱莎浪格，伦敦设计师，以色列人，毕业于中央圣马丁艺术与设计学院。爱莎浪格是一名自由时尚顾问，指导着世界范围内的时尚方向。（译者注）

感并非完全一样。你穿着紧身内衣、贴身短裙和高跟鞋，却仍然想着回到床上死过去得了。衣服可以改变我们，让我们背离初衷，变得截然不同，因为衣服就是有这种魔力，然而，觉得性感单靠衣服是不够的。

如果我看着窗外，凝视着城市的街道，禁不住就会被各种性感的形象淹没。性感是那香水广告，是时尚的蔓延，是杂志封面上、红毯上的电影明星，是那撩人的场景——周五的夜晚，年轻的女人身着极具魅惑力的裙子和鞋子，倚着天鹅绒绳索静静地等待着。性感就是一系列简简单单的信息暗示：短裙、低胸衫以及浓妆艳抹。人人可以做到性感，即使他们腰部以下已经麻木。

1989 年，我曾在曼谷，当时是要前往越南，写写西贡（Saigon）吧台女郎的遭遇，她们在战争期间充当了“慰安妇”，当时我被带到了一个真正的性俱乐部。那些吧台女郎有的已经融入了战后国家，有的则搭乘破旧不堪的漏船逃往菲律宾和中国香港。有传言说她们仍在那里当妓女，为来访的苏联政要和越南的党政官员提供服务，而不再廉价出卖自己充满色情诱惑的肉体，供那些性饥渴的、身着制服的艾奥瓦州农场男孩享受。

曼谷宾馆门房告诉出租车司机带我们去要去的地方。我们驱车穿过这座雾气蒙蒙的城市。在一个舞台上，我亲眼看见了一场乒乓球表演，一个倦怠的刚发育完全的少女脱掉她的白色棉内裤，从她那潮湿的阴道发射白色的乒乓球。我从来没有见过如此让我沮丧的事情，因为这些不幸的孩子，或许她们二十五六岁的时候都无法摆脱艾滋病的折磨。她们在这里表演色诱之术，却对此懵懵懂懂。在我这个成熟女人眼中，她们那无恶意的扭臀表演以及抚弄乳头的动作是那么的不自然，让人心碎。她们看起来并不性感，因为她们不觉得性感。她们只是在照着剧本表演，这是由一个中年男人为她们精心编制的剧本。

作为一个来欣赏她们表演的观众，我想如果我有一根魔杖，我要把她们全都变成小猫，让她们在那肮脏不堪的舞台上追着毛绒球，调皮地嬉戏。

巴尼斯精品店（Barney's）创意总监西蒙·杜楠（Simon Doonan）曾是“全美超级模特儿新秀大赛”（America's Next Top Model）的知名评判（在此真人秀节目中，小都市来的“返校节皇后”会为模特合约展开激烈的角逐），他犀利的点评曾让一位参赛者当场落泪，他建议她：“到码头去，看看那里的妓女都穿什么，你就别那么穿了。”

他指出，女孩子们其实并没有刻意要穿得性感，她们只是在顺应当前青少年的潮流趋势，他认为这种趋势用“色情风潮”来形容再恰当不过了。这个哭泣的女孩谴责杜楠“在全国性电视节目中叫她妓女”，这时杜楠解释说，他只是在给她提建议，告诉她如果把她自己打扮得像个色情明星，大家有可能就会把她看作色情明星。选手们站在周围，满脸疑惑。杜楠“为她们感到难过。素质欠缺、能力不足，她们很难在这座大城市里生存下去，因为她们根本不知道自己所选的时尚到底意义何在”。尽管她们难以理解，他还是试图解释说，她们的服饰就是一种非语言交流形式，人们会根据那些衣服所传达出来的信息予以揣测。如果她们的着装像极了《风月俏佳人》（*Pretty Woman*）里朱莉亚·罗伯茨（Julia Roberts）那“开慢车路边求欢”似的装扮，那么人们很可能猜想她们是按时收费的（言外之意是说她们是妓女）（如果她们衣着邋遢，那人们的判断也会是如此）。

真人秀中那些身着色情装扮的女孩觉得自己性感吗？还是她们只是在模仿布兰妮（Britney）？

杜楠写道：“美国各地，人们对于服装的选择真是在自毁形象。他们曲解了商品本身。他们的衣着和个性极不相符（就好像他们让服装开了个支票，而自己的个性却无法将其兑现似的）。”

很显然，打扮得性感是肤浅的。商品只是在展出，而性感本身是由内而外的。当一个人在思考深奥和肤浅的时候，没有什么比性离理性的思维更遥远。因为性就像是潜伏在思维下面的鱼雷，它有自己的主见和野心。普鲁斯特写道：“当我们的思维还躺在床上，反复考虑铁路旅行的利与弊的时候，意志早已奔赴火车站并买到了车票。我们很少怀疑过身体的诱惑。性使得原本妄自尊大的大脑软弱无力（你怎敢愤怒地大声哭喊！难道你不知道我是谁吗？我有意见）。”

性就在那儿，就在我们中间，像钟楼里敲钟的锤子，奏出它的意图，你会觉得性是那么地单纯无邪，是如此地容易取悦。但我认为，它从海洋的象征意义来说，就像是影片《加勒比海盗》（*Pirates of the Caribbean*）中比尔·奈伊（Bill Nighy）饰演的戴维·琼斯（Davy Jones），蠕动的触角胡须遮住了他大部分的脸。人类的性取向稀奇古怪、各种各样，有人甚至迷恋上自己的汽车。

我们为了感到性感而打扮，而不是看起来性感（或者同样也想看起来性感），我们的行为太复杂了，我不得其法，或许只有心理分析学家才能理解。无论是郊区异性装扮癖者在偷着试穿妻子的晚礼服，还是一个女人全身皮革，大步流星走在大街上（我所举的都是较为明显的例子），我们都是跟着自己的直觉走。

*

阿涅斯[1]（Agnes b）给我看了一张照片，一位模特穿着一条刚好没过膝盖的裙装。裙子前面钉了一排大扣子，但是裙摆处的两三个扣子没有系上。她说这很性感。阿涅斯本人穿着黑色女衫裤套装、黑白花斑衬衫、黑色尖头牛仔靴。她那金色的头发蓬乱而零散，就好像是经过一段长时间激情销魂过后刚刚起床，随便穿点什么就去上班了。她 66 岁了。

性感的不是裙子，而是穿裙子的人。不管穿什么，维多利亚·贝

1. 阿涅斯，法国设计师，其个人品牌堪称是法国时装精品的平易近人版。作为一位法国的服装设计师，阿涅斯将自己塑造成一位时尚的挑战者。在她的设计中否定了服装一定要有形式美感、精致的服饰细节和对短暂流行需求的捕捉，我行我素。她的设计挑战当时的时髦样式，既不哗众取宠也不求博公众眼球。（译者注）

克汉姆就是不性感。而斯嘉丽·约翰逊[1]（Scarlett Johansson）穿什么都性感。海伦·米伦（Helen Mirren）也是如此。这些都是不争的事实。

所以，这里就涉及衣服比较怪异的一点儿：尽管斯嘉丽·约翰逊和海伦·米伦穿着麻袋都显得性感，我们其他人还是觉得着装犹如照明开关。灯一打开，就会照亮里面的一切。但前提是，里面得有看头，因为无论维多利亚·贝克汉姆穿什么，真的没有一丁点儿的差别，她看起来还是那么消瘦、保守、一脸苦相。（我问过一个男性朋友，她为什么不性感，他说："因为她看起来就像一只骨瘦如柴、胆战心惊的小鸡，根本不知道自己是谁。她打扮，仅仅是为了出镜，为了给公众留下印象。她不知道怎么笑，永远那么保守，总是那么夸张，这就是过去常说的俗气。她真没品位。"）

我们之所以要选择着装，原因是多方面的：衣服的实用性（户外工作时穿旧牛仔裤，冷天穿保暖的毛衣，天热了就穿薄 T 恤）；因为我们要遵循一定的着装要求（婚礼时要穿西装、衬衫，打领带，近来还可以穿商务休闲装，如果你是士兵或女警察，就要穿制服）；因为我们热衷时尚（必须要穿当季的……而不是上季度的……）；知道如何去掩盖身体的缺陷，突出我们的优势（没有腰身，美腿）；因为它们就是舒服（一条弹性腰带）。

1. 斯嘉丽·约翰逊是如今好莱坞最性感的女星之一，但是漂亮的脸蛋和诱人的曲线并不是她唯一吸引人的地方，她的穿衣风格也相当值得学习。（译者注）

但是，接着又要考虑其他事情了，比如红颜色、广东绉纱（Crepe de Chine）、古老的天鹅绒、缎子、皮质机车夹克（Leather Biker Jacket）、高跟鞋、滑过你的臀部的悬垂面料、腰身突显、曲线美、不系扣等。

性感不是做爱的欲望，性感也不是激发那些看你的人性欲的武器。性感就是一种心态，就是要理解成衣服里面是身体，身体里面是人的本能和欲望。

换言之，性感就是一种存在状态；是一种证明自己还活着的方式；是皮肤和衣料之间的摩擦；是一种对你与他人空间距离远近的感受。我们中的大多数人，并不像斯嘉丽·约翰逊和海伦·米伦那般，一直看起来性感，或觉得性感，但是大部分时间里，我们大都能够设法跨越看上去性感与感觉性感之间的鸿沟。

当他（我的朋友）谈到服装能让女人觉得性感时，提到了爱莎浪格的服装能使我们觉得自己像个女人，有女人味，而不是在我们凹凸的头颅中运转的思维，或一位由卵巢及其惊人的力量而定义为女性的疲倦母亲。

许多女人到了中年或更年期，就不再觉得自己是女人，或是感觉自己已经不再受到男性关注。她们的着装宣告了她们已经“出局”，已经告别了女人时代。既然她们认为自己不再受到关注，那就算她们有感觉，她们的穿着，她们的感受又有什么意义呢？

然而，当吉曼·基尔（Germaine Greer）出版新书《改变》（*The*

Change）的时候，她告诉早餐电视节目的更年期女性观众，她们应该感到高兴！因为她们现在终于摆脱了作为性对象的屈辱地位，终于可以理直气壮地宣布，步入更年期，她们不再想要性生活了，她们也不再需要故作性感地装扮自己。

台下一阵哗然，对此嗤之以鼻，女性观众们都很想知道她在以谁的名义讲话。恐怕只是她个人的名义吧。因为她们都还觉得自己性感。

看到他的工作室里AV的着装，我惊呆了，她们露得很少，不过衣服的色彩（酸性黄、闪闪发光的蓝色）以及布料拼搭的风格，让我觉得他了解怎样可以称其为女人，尽管在某些方面，我尚且不能理解或解释，正如迪奥做到的那样："任何时尚，倘若构成不了诱惑，就谈不上成功。"

以前我不信，但是现在我信了，倘若没有某种难以名状的性感，女人不会完全自我感觉良好。保罗·波烈（Paul Poiret）把女装设计师的创作比作画家的艺术，"为你量身打造的一套时装，神似你本人的肖像"。我们可以在很长一段时间里忘记性感，忘记感觉性感或忘记看上去性感。我们可以像吉曼·基尔一样去抵制性感。我们可以放弃，可以沮丧，甚至可以压抑自己，但是如果你让一个女人穿上性感的服饰，给她看看镜中的自己，她悲叹流泪过后肯定会开怀大笑。

因为渴望性感是必要的，这是我们本性的流露。这就是天渊之别。

关于性感，我想说的就是这些。

衣服对于我们来说太重要了，

对于绝大多数人来说，

着装不同，

整体感觉也会迥异，

正所谓“人靠衣装马靠鞍”：

衣服似乎有塑造身形，甚至提升灵魂的魔力。

——昆廷·贝尔

(Quentin Bell)

6

服装，我们的朋友

Our fabric friends

……风格轻快活泼的小碎花裙，就像一位柔声细语的少女，你不忍心把她放下或者关到里面；邪恶危险的皮裙将会把你推向一群坏男孩；忠实可靠的牛仔裤就像兄长一般簇拥着你、守护着你；时而撒一会儿娇的衬衫，曾带给你多少无限浪漫；毫无装饰的黑色连衣裙就像一个严肃的女人，坐在咖啡厅里一边抽着红头香烟,品着滚热的意大利特浓咖啡,一边还读着《自由报》。

衣服就像文本，像叙述，像故事，关乎我们生活的故事。

如果你把自己一生所有的衣服聚集到一起，每只婴儿

鞋、每件棉衣以及婚纱，那么你就组成了一部自传。

我的一位朋友刚在一座新城市找到了新工作，最近，我对她说她似乎把钱都花在了名牌服装上。我不知道这些钱是哪儿来的，这也不关我事。我就知道，我这位朋友年轻的时候，只要有钱，就只买最好的，当时她学习艺术史，眼光很锐利：她能把事物一眼看穿，而且见解很独到。她受不了穿便宜的衣服,这是从她父母那里遗传的。她的母亲，20 世纪 50 年代在以色列长大，当时条件很艰苦，每年家人都会带她去一次裁缝店做两身衣服。她的孩子出生时，她们住在伦敦，那里品牌盛行，去裁缝店做衣服的时代也就此结束了。

她女儿说自己只穿最好的衣服，这纯粹是学来的，但我不信。她憎恶丑陋，什么二三流的事物，她都看不顺眼。她极富洞察力，能够辨别衣服的优劣。

我甚是羡慕她那锐利的眼光，这是我所缺乏的，我的听觉比视觉要好，比起图片来，我对音乐更为敏感，但我很清楚，要想真正地着装得体，我们最重要的感官就是视觉。你必须要懂得服装的色彩、形式与搭配比例。你得知道怎样做到真正的观察。仅靠站在镜前，大致看一下衣服的上身效果是不够的，你必须要注意到细节。

这种洞察力，要么天生就有，要么后天习得。社会上所有的人都在培养自己的眼光。迪奥在其自传中就提到了亲身观察：

“基本上，美国所有的女性——除了那些穿法国时装的——都太关注服装的整体效果，而忽视了细节（如合身与否）以及服装的修饰。”

这也正是和我朋友一起买手提包时的深切体会。刚到一处看到包，我就尖叫：“哇！噢！”然后就递过去信用卡，而她则是这边看看，那边瞅瞅，从各个角度去思量，这样真正地去为一个包包思来想去，我还真没有过。细节决定成败，直到几周甚至几个月后，我才注意到这些细节，我站在卧室，禁不住想，这东西到底怎么啦？

她的眼光、她的品位以及她那精准的审美都使得她无法忍受穿那些从大街上买来的便宜衣服。她用第一笔收入为自己买了一个普拉达（Prada）钱包。我曾误解或忘了她对我说过的话，还建议她买一两件 H&M 的商品。她很震惊，很受伤。是的，她确实有一条 H&M 的裤子，但那是卡尔·拉格菲尔德（Karl Lagerfeld）为 H&M 推出的个人系列。

她的小女儿 18 个月大的时候，能开始穿真正的服装了，而不再穿那种有裤腿、有按扣并且带有小丑、小兔子图案的小胖裤（当然，我只是那么一说，她才不会让女儿穿那种带有小丑、小兔子图案的衣服呢），我给她买了件阿涅斯的连衣裙，白底上点缀着樱桃和樱桃那可爱的小影子。裙子是 A 字形的，我觉得这种样式刚好适合还要垫纸尿布的小孩子穿。买的时候，我就知道，孩子的母亲要开始让她的女儿走她的老路了（她自己的母亲也是如此）——要穿就穿最好的。

这几个月来，我朋友似乎仍然花很多钱买衣服：两件尼科尔·法利(Nicole Farhi)裙装、一件麦丝·玛拉(Max Mara)的和一件瑞克·欧文斯（Rick Owens）的。每次我打开邮箱，收件箱里好像都会有一个新的波特女士（Net a Porter）网站链接，所以我就可以看到她新买的商品。我很烦这个，倒不是因为我嫉妒朋友有漂亮的衣服，也不是因为我觉得她太挥霍，而是因为她已说服我她买衣服是少而精，而如今她不断地买衣服，已违背了她所遵循的原则，我实在担心自己根本不能从她的购物心得中获得任何启示，所以我慎重地回复她：

> 据我所知，今年你已经买了五件品牌服饰——两件尼科尔·法利的，两件瑞克·欧文斯的，还有一件马修·威廉姆斯（Matthew Williams）的。还有别的吗？你告诉我说自己很少买衣服的。

她回复说：

> 看了《欲望都市》之后，我又买了件薇薇恩·韦斯特伍德条纹时装。我承认这的确有些不可思议。我想是因为我在这里太孤独了(没有女伴)，我只能靠这些服装朋友来填充衣柜，充实生活。

她竟然在和一件夹克衫或一双鞋子交朋友，这是可笑呢，还是可悲呢？我曾向其他人提起过这件事情，恰好她几年前也搬家了，生活也发生了改变，她立即就明白了我朋友是什么意思。因为对于她来说，身边的这些衣服才是永恒不变的：其他的一切不断变化的时候，服装就成了她唯一的依靠。服装，自古以来就为人们所熟知，它们穿越了时空的隧道，伴随我们来到当下。她买的这些新衣服就是她的同伴。

它们静静地待在壁橱里，跟真人似的。它们有自己的个性，风格轻快活泼的小碎花裙，就像一位柔声细语的少女，你不忍心把她放下或者关到里面；邪恶危险的皮裙将会把你推向一群坏男孩；忠实可靠的牛仔裤就像兄长一般簇拥着你、守护着你；时而撒一会儿娇的衬衫，曾带给你多少无限浪漫；毫无装饰的黑色连衣裙就像一个严肃的女人，坐在咖啡厅里一边抽着红头香烟，品着滚烫的意大利特浓咖啡，一边读着《自由报》。

可可·香奈儿曾说："旧衣服就好比老朋友。"

这是香奈儿的情怀，然而 18 世纪法国哲学家丹尼斯·狄德罗（Denis Diderot）对一件被遗弃的睡袍的情怀可谓是感人至深，这件睡袍已经很破旧了，曾充当过笔擦、抹布，也算是功德圆满了：

> 它因我而存在，我为它而生。它默默而深沉地拥着我的身体，是那般舒服。穿上它，我风流倜傥、英俊潇洒。然而，这件新袍，紧身而僵硬，活生生地把我变成了人体模特……有了那件旧袍，我既不嫌弃仆人笨拙，也不担心自己粗陋，既不害怕火光四射，也不畏惧水花袭来。我能完全驾驭旧袍，却成了新袍的奴隶。

伊迪丝·华顿（Edith Wharton）1905 年发表小说《欢乐之家》（*House of Mirth*），悲剧的女主人翁莉莉·巴特从纽约上流社会沦落到社会底层，陷入经济困顿之际，翻了翻自己的衣柜，看看里面还有什么。她从一位穿着漂亮礼服的富家小姐，沦为一个制帽女工，对此她并不擅长，而且这几乎和卖淫差不多。小说使人骇然，倘若小说《傲慢与偏见》(*Pride and Prejudice*）中贝内特家的五个个性迥异的女儿走出了简·奥斯汀（Jane Austen）所塑造的象牙塔般的世界，她们或许也会有同样的遭遇：

> 她还留了几件显赫时穿的漂亮衣服……当她把衣服摊到床上的时候，以前盛装的情景仍历历在目。从衣服的每一个褶子里，她似乎都看到了自己曾经活跃在其中的社团；那蕾丝摇曳多姿，刺绣光彩亮丽，像一封封书信，记载着她过去的点点滴滴。她不仅惊叹，自己已被过去的光环环绕太久……她把衣服一件件放回原处,每一件都闪烁着丝丝光芒，飘荡着微笑的音符，散落着玫瑰之滨的阵阵芳香。

犹如一封信。

衣服就像文本，像叙述，像故事，是关乎我们生活的故事。如果你把自己一生所有的衣服聚集到一起，每只婴儿鞋、每件棉衣以及婚纱，那么，它们就组成了你的一部自传。再一次，一件件穿上这些衣服，你会重新体验生活的每一个阶段，从你呱呱坠地之际包裹你的衣物，到你的临终之榻。

好像衣物本身就有记忆，这种记忆从衣物亲密接触我们的身体的时候就形成了，一件大衣，或裙子，或一条裤子就见证了我们曾经去面试或去约会的情景，或是我们结婚时的盛况。衣服就在那里，陪着我们，见证着我们过去的点点滴滴。我们所穿的衣服，保护着我们，并给予我们慰藉；它们让我们随心所欲。我们想让别人知道什么,衣服就向他们传达什么信息。我们渐渐明白它们是否可以信赖。有这样一种忠实的伙伴，无论何时我们穿上它，它的表现始终如一；穿来穿去，它们依旧是那样的可靠。仿佛在说，我就在这里，对你不离不弃。（我们失落之际，它们告诉我们）别担心，让我们一起挺过这一天，我不会让你失望的。还有那些变幻无常的朋友，一个月前还在一次派对上魅力四射，现在却赌气离开了衣柜，硬说自己太紧了（而你其他的一切都不是太紧），或是褪色了，不再适合你了。或者是某次购物的情感消费，冲动的产物。

是我们看待自己的方式变了，还是衣服本身真的变了？我有时在想是不是后者。它们到底有没有隐私呢，或挂在衣架上紧紧相偎，或在壁橱里整齐地折叠着，有的在你背后八卦，而那些忠心耿耿的就会为你挺身而出。或者说，像我所希望的一样。

设计师的想法与心中的这些情结并没有多大关系，如卡尔·拉格菲尔德在他巴黎的工作室里构思的时候，并没有考虑这些。为了能将一块布料裁剪成一套全新的时装，设计师终其一生都在与时空抗衡,因为时尚就是关于一切新鲜的事物,这才是时尚的关键。但是,伟大的设计师都保留他们设计的服装，那就好像久久挥之不去的清香，是他们的一部分。克里斯汀·迪奥曾试图说明他设计裙装时的一些做法：

> 时尚有着自己的生命和法则，这是常人难以理解和掌握的。就我个人而言，我很清楚要在设计中倾注些什么：对于设计，要百般呵护，

> 不畏麻烦，满怀激情。设计一定要反映我的生活，表达同样的感受，同样的欢乐和柔情。

迪奥写自传全然不用人代笔，他能轻松进入光怪陆离、非言语交流的时尚领域。他的服装设计里，有很多他个人特性的印记，或许不仅是“印记”，不仅只是把某些东西留在了表面上，而是将自己灵魂的某部分融入了霓裳（如果这听起来不是太过古怪的话）。至少他明白，时尚不只关乎一些概念和抽象的观念，还涉及人的情感。他把衣服穿到一个特殊的模特儿身上（但他当时并不会用这个词——那时的裙子被称作“model”，而穿裙子的女孩则是“model girl”），通过观察，他能看出这种变化的效果，不只看女孩身上的衣服有了什么变化，还要看看穿上衣服的女孩会有什么不同：

> 每个女人都会赋予服装独一无二的个性。因此，同一条裙子，玛丽穿出来的效果与尚塔尔肯定不同；同一条裙子，有人穿上，简直就是毁了这条裙子，而另一个人穿却能使这条裙子焕发出夺目的光彩。虽然肯定会有差别，我仍要分析差别产生的原因。

一旦设计被制作成型，或者是被售出，迪奥在外面看到这些成品的时候，就会觉得怪怪的。

> 就在此刻，我又一次看到了我的服装。一直以来，我在晚宴和舞会上看到它们，就好像和亲爱的友人邂逅；不久之后，我在大街上见到它们——已经和原型渐行渐远了，因为它们只是仿制品。最后，透过商店的橱窗，我发现了它们，都或多或少地偏离了我的原创。

*

1971年夏天，我有了双完美的鞋子。这是一双粉色山羊皮坡跟鞋，那山羊皮鞋带绕在脚踝上，感觉就像是希腊凉鞋。这是我最漂亮的鞋子了，当时我年仅二十，根本没想过在接下来的时间里，我竟然一直在努力寻找它们的替代品，好像它们就是一份不幸遗失的爱情，或一双满载柏拉图理想的鞋子，抑或是一双上帝为我精心制作的爱鞋。无论穿什么，我只需要看一下双脚，知道自己还穿着那双粉色山羊皮的坡跟鞋就够了。穿上它们，我能走好几里路。

那年夏天，我的仕途并不顺畅。我所工作的乐施会[1]（Oxfam）新闻处说我不称职，便把我解雇了。我很少表现得萎靡不振，或是迟到了还昏昏欲睡的。拿到了失业救济金，我在泰晤士河（River Thames）中央的小岛上租了一间房，这个小岛仅能容下两座房子，我每天都四处漂泊，只想在那恶臭的气味中寻得阵阵的广藿香，有人不知道多久没洗衣服了，那阿富汗外套和焚香散发的强烈的刺鼻气味伴着缕缕褐烟，蔓延在上空。整个夏天，我要么在查韦尔河（River Cherwell）上撑船；要么索性大胆地在劳动节那天服些摇头丸（麦角酸二乙基酰胺，一种毒品），听着我臆想中的天籁之音；要么通过雏菊花瓣[2]或《易经》来占卜未来。我还会聆听凡·莫里森（Van

---

1. 乐施会是英国最大的民间慈善机构，他们有着遍布全英的二手书店，通过让英国人将不看的书籍捐赠出来并出售来做福利。（译者注）

2. 自古以来，雏菊就被用来占卜恋情，借着一片片剥下来的花瓣，在心中反复默念“爱我，不爱我”直到最后一片花瓣，即代表爱人的心意。因此，它的花语就是——你到底爱不爱我。（译者注）

Morrison）、平克·弗洛伊德（Pink Floyd）、桑迪·丹尼（Sandy Denny）等人的音乐。陪伴我的还有那由条纹印度床单匆匆改制成的罗兰·爱思（Laura Ashley）时装、拷花丝绒马褂、边缘磨损的牛仔裤、缝有三角形的佩斯利涡纹图案的喇叭裤，以及红褐色的头发。

我每天都穿着这双鞋子，直到鞋子彻底散了架，我才把它扔进了厨房的垃圾桶里，以坚定自己对未来的十足信心：我才 20 岁，有朝一日肯定还会再有一双鞋子，只是不会比这双好。我再也不会有一双如此漂亮且耐穿的鞋子了。从某种程度上来说，肯定是它们的粉色，还有坡跟以及鞋带，都使得那双鞋子能够经得起时空的考验。那双鞋的魅力就在于此。我立即就能穿上它们，就在今天。所以，尽管往事继续无情地摧残，和那双鞋子之间朴素而真挚的情感却留给我最美好的回忆——犹如一份遗失的爱情。

如果我现在能想穿什么就穿什么，我会选择穿上那双鞋子。

或许，我只是在竭力说服自己，我曾经有过 20 岁的花样年华。你头脑中依旧觉得自己还是 20 岁，但是镜中的那个陌生人却在回视着你，眼神是那么的恐惧。我要是还有那么一双鞋子，该有多好啊！

*

27 岁时，我腹部平平，纤腰平胸。那年，我的很多衣服都是从二手店买来的。那种店，现在我们称之为“二手服饰店”（Vintage）。窗户上方，赫然写着“乔氏旧衣服店”，确切地说，小店弥漫着旧衣服那种夹杂着尘垢的汗味，以及乔（Joe）本人身上的汗味和威士忌酒味，我觉得，他是乌克兰人。架子上，衣服凌乱地堆在一起，塞得满满的，狼藉不堪，好像统舱里急欲前往新大陆的乘客，仿佛除了他们自己，其他人都认为整个旅行不仅抵达不了光明的彼岸，反而会被渐渐地遗忘。

这家店所在的主干道通往温哥华中心。从西边，你能嗅到港口、海洋和货物的气息。它位于唐人街（Chinatown）和贫民窟（Skid Row）之间，伐木场跛足的醉汉们常到那里喝酒，几个月后便因患肝硬化、肺结核甚至艾滋病而离世。

虽然店里很不景气（你深吸一口气，屏住呼吸，然后走进去），我的很多漂亮的衣服却都是从这里买来的。乔用帘子隔开一个角落作为试衣间，上面挂了一面镜子，这样，如果他低头的角度适当，就能看到那些脱得仅剩下内衣的女孩儿们。隔几个街区，有一家店出售马肉，我想他可能是在密室里油炸马肉，作为自己的午餐。我对乔一无所知，他结婚与否，怎么入的行，这一行业给他带来了怎样的生活，他又是如何进货的……我都不了解。我想，战争期间，在那个古老的国度里，他一定是经历了什么有趣的事，但是你也不会想着去问。因为你只想着赶紧来赶紧走，不过考虑到这个积满污垢的“阿拉丁洞穴”中的这些宝贝货物，他的价格还是相当公道的。

两个月前，飞蛾侵入了我的阁楼，我不得不打开那个潮湿发霉的旧箱子，里面是一条我从乔那里买来的裙子。这曾是一件“新风貌”女装，分外鲜明的蓝绿色绸缎，配着淡蓝色小枝图案，还有那紧身上衣，使得整套衣服在我的衣箱里格外醒目（这个衣箱和清真寺里伊斯兰教传教士的募捐箱一样空空如也）。我的一个朋友心灵手巧，很会做衣服，而笨手笨脚的我可没有这种天赋，她三下五除二就把衣服的上半部分拆掉扔了，还为我缝上了一条束腰带，就这样，我有了一条裙子。由于我的腰太细了，裙子会掉到胯骨，当我节食的时候，不用拉拉链就能用拇指把裙子脱下来。

现在，把裙子从衣箱里拿出来穿上，我得费很大劲才能勉强拉上拉链。真不知道我以前居然那么瘦。

那是 1978 年，我在修文学硕士，作为一名研究生助教，我负责组织英语文学研讨会，靠这份微薄的收入糊口。校园里曾一度涌满学生和教职员工革命分子，还有很多美国逃兵役者，他们已经年过三十了，还在那自找麻烦。有一天，学校后勤人员举行了罢工：打印课程简介的秘书、学校食堂里分饭的满面笑容的女人、阶梯教室里清扫烟蒂的沉默的男人……都纷纷出动了。

学校坐落在一座小山上，所以在冬天乌云笼罩之际，你真的感觉自己正身处象牙塔。工人们在通往学校的途中拉了警戒线，当时任何人都不会越过警戒线，这既是尊重也是道义。大家都与工人们齐心协力！一大早，我们就镇守在大卡车前，矮胖的卡车驾驶员们抽着雪茄，我们就冲着卡车喊：“不要当工贼！”下午，我们疯狂地组织会议，夜晚就去酒吧，抽烟、喝酒，直至酩酊大醉。然后我们回家开展各种形式的横向工会招聘，报名参加由身着李维斯（Levis）

牛仔裤、皮夹克，穿着靴子的又高又帅的美国人率领的托洛茨基团体。婚姻破灭，女人们成了同性恋，我开始去购物了。

我一点儿现金也没有，我们当时都身无分文，但是只要从斗争中抽出空，我就去试穿各种衣服，借此消遣。我去了凯瑟琳·希尔曾工作过的伊顿百货，在一件件麂皮夹克中趋步前行；标价是多少都无所谓，就算你买不起，你也可以试穿自己喜欢的任何一件衣服。比如一件齐腰短的黑色毛衣，肩上织有螺纹，斑斑点点的蓝绿色丝线，闪闪发光。毛衣标价 34 美元，当时对我来说，已经很高了，我要是有支票就好了，可我什么都没有。所以我申请使用信用卡，得到许可后，就买下了。

这件毛衣和那条蓝绿色裙子般配极了，我一直都穿着它。早上醒来，你问自己该穿什么呢，这时你昨天穿的那套衣服就会在你的耳边轻柔而又魅惑地说：穿我吧。你确实这么做了，因为你知道这样自己看起来很好看、很神气，但更重要的是，你看起来像你自己，而不是一个冒牌货。

我依然记得那年夏天。不下雨的时候，我们就去沉船海滩（Wreck Beach）裸泳，我们沿着一条曲折小路朝沙滩走去，那里人们赤裸着身体四处躺着，你可以拿着无底的保温瓶，从敬业的嬉皮士那里买到自制的凤梨园[1]（Pina Colada）。夕阳西下，我们就捡来木柴，围

---

1. 凤梨园：以凤梨汁、椰奶、鲜奶油、白色朗姆酒、褐色朗姆酒调制而成的鸡尾酒，加勒比海特产，西班牙风味。（译者注）

着篝火翩翩起舞，在红色火光的照耀下，我们就像一个个妖魔鬼怪。逃兵役者谈论着越南以及民权运动，而女人们则煽动地谈论着妇女解放运动。但不管怎样，你在那里躺着，就会欲火焚身，想要做爱。这是毋庸置疑的。你虽赤身裸体却更加自信，丝毫不做作，能够敏锐地分辨出哪些人对自己的未来信心满满。

工会罢工胜利了吗？我不记得了。最终，夏天就要结束的时候，我们重新回到了工作岗位。

当时我所教的是一个本科班，至于教什么课程，已经不记得了。浪漫主义诗人？太老套了，不过可能真是这个。我的研讨班里，有个男孩儿，19 岁，棕色睫毛下的那双眼睛看着我，满脸通红。我们一起喝完咖啡，我邀请他去艺术之家电影院看电影，之后我们一起回到了我的公寓。

他说："我知道会发生这一切。"还一边试探性地舔了舔嘴唇。

"你是什么时候知道的？"

"第一天，你转身在黑板上写字，为我们讲解省略号的正确用法。当你的胳膊往上伸的时候，那件带有蓝绿色亮片的黑色毛衣跑到你裙子的腰带上面去了，露出了你的腹部，很性感。"

之后他问我在哪里买的衣服。我告诉他，毛衣是在一家百货商店买的，而裙子是在一家旧货店里淘的。

我从未有过丢弃那件毛衣的念头。它很合身，但是我不能穿，以防举起胳膊又露出我的腹部。毛衣还在那里，叠着，和巴罗纳

（Brora）羊绒衫、盖普（Gap）T 恤放在一起。但我会时常把它拿出来看看，它只不过是一件便宜的腈纶和棉的混纺毛衣，并没有什么特别的。我想，那才是真的我，在抽屉里叠着，而镜中的那个人，她就是深夜里闯入的贼，偷走了我的脸、我的身体。

几年前，那男孩儿联系我了。他四十来岁了，但他的生活跟我预想的不同。

有时候，衣服不仅仅是衣服，把它们扔掉无异于截肢。

最近，我把这条裙子拿到了慈善商店，因为它太美了，要是一直锁在那发霉阴暗的角落，实在是太可惜了。它应该有第三次生命，作为别人的裙子，直接进入新的世纪——我打赌，第一个买到它的女人永远不会预料到那一点。众多同伴中，它是唯一一件从工厂里生产出来之后，存世那么久的。有人设计了它，另一个女人缝制了它，第三个人把它卖掉，然后第四个人穿上了这件衣服，接着就轮到我了。我想,他们都已离世很久了,包括乔本人。它已在黑暗中尘封了 25 年，我希望它能继续留存。

我尽力去解释说，这是一件古董裙，但是柜台旁那两个女人仿佛觉得那就是一件破旧的衣服。我说你们不懂，她们只是冷冷地笑了笑。我想，她们应该把它扔进垃圾箱了，我沿着街道走着，感觉自己就像一个凶手。似乎有点儿精神失常，因为这只不过是一块布，但我依然心烦意乱，我看着衣柜里剩余的衣服，禁不住在想，它们最终将会有什么样的结局呢？长期以来,它们比一些我认识的人对我还要好。

*

我的衣柜里有件很厚重的黑色羊毛大衣。就在 12 月份，有两次，我清晨走在曼哈顿雪后的街道上，当时路面结满了冰，我一屁股滑倒在地。大衣是那么的厚重，使得我碰到地面时只感到微微的撞击。这件羊毛大衣就像一套盔甲一样，保护着我，不受严冬光滑街道的伤害。当你觉得自己渺小脆弱或是束手无策时，就穿这件大衣吧，它会让你感觉很踏实。穿上这件大衣会让我看起来很富有，一位有钱的、穿羊毛大衣的中年女人，不过我们现已不习惯这种款式。但我有资本穿那件大衣，我兢兢业业，守着键盘不停地敲着一个个英语字母。你照照镜子，看到了一个中年女人，是的，当然没错，她就是配穿羊毛大衣。纵使羊毛已经不再流行，她也应该有这么一件大衣，以防自己摔坏屁股。

现在，我没有以前穿得频繁了，冬天似乎不那么冷了，它也确实有点儿大，但我已抵住一切诱惑，坚决不在易趣网上把它售出。它就像是一只狗、一位丈夫或是一个孩子放在床边保护自己的泰迪熊，每当我感到它沉甸甸地压在我的肩头时，它都能提醒我，我有足够的力量来承受它的重荷。

但我今天早上最想要的就是一件黑色漆皮压花的仿古毛皮飞行夹克，带着几分粗俗和不羁傲慢，唯有中年女人（或者老女人）才能驾驭这样的衣服。当然，一定要在那饱经沧桑的脸上涂上一抹浓浓的口红。

时尚总是处于过去与将来的分水岭上，

结果，

至少在它达到鼎盛的时候，

相比于其他现象，

能带给我们更强烈的现在感。

——格奥尔格·齐美尔

(Georg Simmel)

7

时尚，时光里的“弄潮儿”

The traveller in time

衣服记载了我们生活的历程。重温旧照片，我常常记不得照片里的人，这让我不禁感到惭愧。

但我从来不曾忘记自己的穿着，或者说，我能一眼认出是哪件衣服。

时尚与乐趣息息相关，而乐趣是非理性的，因为，我们选择吃一块巧克力泡芙条，并不是本着补充足够的日需热量的目的。我们之所以不可救药地喜欢蛋糕，是因为它很美味。有趣的是，人们疯狂反对不必要的服饰，却很少从道德上抵制樱桃酒或胡椒牛排。没有人到餐厅闹事，或者抱怨一顿饭三道菜有多浪费热量，或者一块蛋糕有多奢侈。让道德家们发怒的不是毫无意义的美食，而是无意义的时尚，你可要识趣点儿，千万不要对他们盛怒之下发表的种种厌恶女性的恶毒言论嗤之以鼻。

时尚波谲云诡，瞬息万变，这正是它最让人捉摸不透的奥秘之一。究其关键，就在于时尚的易变性。即使那些对时装毫无兴趣（或谎称无兴趣）的人，也不知不觉或被动地追随着时尚潮流。16 世纪身着紧身装的男人，绝不会过了很多年后还是那副装扮，除非他是要去参加化装舞会。你要么格外爱惜自己已有的衣服，这样就无须花钱再买新的了；要么去找那些早已彻底过时的衣服，无论哪一种情况都没有跟随潮流来得容易。

通过观察人们的衣着、发型以及女人的唇线，我们可以确定旧照片的年代。追溯至 20 世纪 20 年代，我们会立即发现，当时只有三种唇膏、一款帽子——钟形女帽。而且，只有那些不再注重外在形象的老妪，才会显出腰身（不束紧腰身）。

判定年代最有效的元素是人们的穿着打扮，而非建筑——如今我还住在一座百年之久的房子里。整条街道，20 世纪末才匆匆建成。不同年代、款式各异的汽车川流不息。但是，街上的行人告诉我，现在是 2008 年春天，倒春寒，所以少女们还穿着冬装——花哨的短款对襟外套，不透明的紧身裤袜配抓绒懒人靴。

时尚总是紧跟时代的潮流，因为时尚就立足当下，此时此刻。即使复古风逆袭，时尚也是在不断更新变化，绝不会简单地照样全搬。

我们的穿衣打扮不仅是在展现本我，还在塑造新自我。我们终此一生都在时尚的道路上穿行，不断改变着自己的风格，我们心里明白，时不我待，要及时行乐。没有什么比一成不变的穿着、妆容和发型更能说明我们已垂垂老矣。回眸展望，往昔那些我们所穿过的衣物、那娇小的尺寸、轻盈的体态，曾让我们何等地自信，现在却无一不在昭示着芳华已逝、盛年不再。

衣服记载了我们生活的历程。重温旧照片，我常常记不得照片里的人，这让我不禁感到惭愧。那小小的矩形相框承载着一份份回忆：艳阳高照，青春为伴，每个人都容光焕发、笑逐颜开，有的即使心事重重，也假装很开怀。看，那个对你暗送秋波的小伙子是谁？是什么让你捧腹大笑？咦，为什么那个陌生的女人深情地搂着你的肩膀？还有，我们坐在谁家的餐桌旁吃饭？在为谁庆生？那个婴孩儿又是谁？

但我从来不曾忘记自己的穿着，或者说，我能一眼认出是哪件衣服。

总能清晰地辨认旧照片上自己的衣着，并没有什么不可思议的。对于这些陪我走过一生的衣服来说，每天无论如何，我都会看到它们，我要么穿着，要么就翻箱倒柜地找出要穿的衣服。而照片中的那些人，只不过是熟人。再说了，我们又不指望着他们过活。而人生最糟糕的境况莫过于：上班途中，突然发现自己穿错了衣服，哎呀，这件衣服可真让人扫兴，这么特殊的日子，穿这种衣服可展现不出应有的气质；也可能是这件衣服破了，脏了，或是不够得体。

照片中衣服后来的归宿，就像一个谜，我不愿去想。它们终如照片中的那些人一样，消失得无影无踪。诚然，衣服磨破之前，总爱跟人玩销声匿迹，让你无处可寻。我有时在想，它们是不是趁深夜，从房间悄悄蒸发了。有个朋友对我说，她小的时候，每到睡觉前，大人们就给她讲这么一个故事：一个小女孩儿没有呵护好自己的衣服，衣服觉得被冷落了，就趁她睡着的时候偷偷溜走，到一个爱整理衣物的孩子衣柜里去了。这个故事多少有点儿警示意义。我恐怕也要做这种噩梦了。

*

我们对服装的兴趣或是迷恋多半出于愉悦自己或他人的需求，这种风气在第二次世界大战后随着克里斯汀·迪奥品牌的出现而复苏，盛极一时，此种盛况自此再未被超越。正是迪奥的天赋，让我们爱上了服饰。但在 20 世纪，时装行业基本上由迪奥和香奈儿垄断，他们风格大相径庭，彼此是竞争对手;一个高端奢侈,另一个则是简洁婉约。两者分别适合截然不同的身形。一个让女人感觉宽松自由，另一个则用紧身衣把她们又一次束缚起来。然而，两者我们都离不了。我们必须要研究一下香奈儿，以更好地了解时装，看它是如何走向巅峰的。

关于香奈儿，首先要说的是，她创造了现代服装。

我并不是说，没有香奈儿，我们还依然在穿着到脚踝的裙子，而且还带着裙撑，因为历史的潮流、20 世纪以及现代主义的趋势，势必会赐予我们现如今习以为常的时装，没有香奈儿别人也会这么做的。但是，事实就是这样，正是有了这个叫可可·香奈儿的女人，我们才不会身着盛大裙装，头顶大帽子四处走动，好像要去参加维多利亚女王的“钻石大庆”一般。

为什么呢？那就要看“裙长理论”[1]（Hemline Theory）了。从青铜器时代到20世纪20年代之间的服装史中，没有任何一段时间，一个女人敢露出她的腿部，更别说膝盖了，但是自1926年起，就有香奈儿小黑裙的图片出现，即使你现在穿上这种裙子，也不会引人注目。这就是她作为服装设计师的困惑和矛盾之所在：一方面，她设计的服装，彻底地新潮，之前没有人见过任何类似的风格；与此同时，服装的新颖似乎让时光停滞不前了。正如香奈儿所说：“稍纵即逝的时尚充其量也就只是一种消遣，根本不是真正的时尚。”

香奈儿并不是她所处的那个时代最富创造力的设计师，保罗·波烈才是，他设计出了20世纪最漂亮、最有创意的服饰。他是一位被遗忘的天才，几乎凭借一人之力帮助女性摆脱了紧身内衣的束缚，他带来了世上第一款高级香水，他也是首位基于家具和室内装饰品而构建一整套生活方式的女装设计师。

20世纪之交，服装严格地局限于女性的形体：翘臀挺胸。与其

1.“裙长理论”，1926年由美国经济学者乔治·泰勒（George Taylor）提出，主要指女人的裙长可以反映经济兴衰。裙子越短，经济越好，裙子越长，经济越低迷。2012年夏的英国街头，女士多长裙飘飘，有评论说根据“裙长指数”，英国经济或已触底。（译者注）

说女人们穿着衣服，倒不如说她们是被各种装饰包裹着。同时期的照片中，爱德华时代（Edwardian Era）的女人们好像被埋在她们的盛装之下，染色的人造卷刘海下面她们那椭圆形的脸蛋从高领和珍珠项链的包围中探了出来。难怪贵妇们需要仆人们帮她们更衣、穿紧身衣、拉紧束腰、绑好靴子。身上布满了一个又一个装饰品，女人真正的身形简直让人难以想象。

保罗·波烈彻底改变了这种服饰风格。他曾在沃斯（Worth）时装店工作过（沃斯时装店在 19 世纪的影响力可与 20 世纪的迪奥时尚相媲美），之后他于 1903 年创立了自己的时装店，两年后与外省女孩儿丹尼斯·博莱（Denise Boulet）结婚，她说再也不会穿紧身衣或高领礼服了。她身材苗条（有观察者说她就像一支静止的长矛），成了波烈时装最好的模特儿。在 1911 年开始的时装宣传片中，她的美无与伦比，超凡脱俗，加之她嫁给了一位服装设计师，使得她本人成了自己的造型师。

妻子丹尼斯给波烈带来了灵感，他将裙装和大衣的支撑点挪到了肩头，而不再像以前那样沿着人体曲线将服装牢牢地贴在身体上。在灵感方面，他所设计的服装就像是新古典主义时期（The Directoire）的复古风尚，也就是一百年前的帝国式风格（Empire line），但这绝不是生硬的模仿。他抛弃了当时一切束缚服装设计的准则，开创了现代服装设计的新纪元。裙裤、哈伦裤、宽松直筒连衣裙，以及无腰身宽松女服——他的想象自由驰骋，无处不在，预示着一个全面创新设计时代的到来。然而，波烈却没有料到自己在时尚界的地位即将被香奈儿品牌所代替——端庄、均衡、简约的风格，特别是小黑裙。波烈崇尚奢华的面料和缤纷的色彩，他曾这样描述过："往那平淡无奇的'羊圈'扔进几匹充满野性的狼：红色、绿色、紫色、蓝色，会让其他的一切都为之尖叫。"丹尼斯经常戴着翠绿色假发，穿着鲜绿色长袜，出入各家商店。

波烈的一切设计几乎都极具革命性。他好像还设计了女士短睡衣，这种款式直到 20 世纪 60 年代才复出；他所设计的服装，肩部是不对称的；此外，他还创作了霍步裙[1]（Hobble Skirt）；更惊人的是，他还设计了灯罩裙——三角形帐篷似的裙子，底部还悬着边穗，这是有史以来人们在时装表演台所能见到的最奇葩的时尚之一。就如美国《时尚》杂志所记载的那样，国内所有女人都买了这种服饰。这是很显然的。

波烈的设计是针对贵妇的。作为现代艺术早期的狂热者之一，他举办了奢华的晚宴，云集所有现代艺术界的人士，如他那传奇的"一千零二夜"（Thousand and Second Night）晚宴。他要求出席晚宴的 300 位嘉宾身着东方服饰，或者是把他们的衣服脱掉，换穿门口他所设计的服装。著名画家劳尔·杜飞（Raoul Dufy）为他设计了这些衣料。

---

1. 霍步裙：这种阿拉伯式的长裙是在 1910—1914 年开始风靡巴黎的，是保罗·波烈为了怀孕的妻子能够行动方便而设计的裙装（因为那个时候的女性正被束身衣束缚着身体）。（译者注）

第一次世界大战伊始，波烈的奢华品位戛然而止。他不得不关掉时装店，转而生产军装。1919 年，服完兵役，他想重新开张，但发现战争以及年轻自由的新一代女性已经彻底改变了人们的品味。时尚进入了大规模生产阶段，这从来都不是波烈所擅长的。制造商们急欲为成千上万的普通女性提供衣服，因为那才是赚钱的门路。

尽管社会极不情愿，但战争还是赋予了女性新的地位，20 世纪 20 年代初，大批适应新时期女性的服饰纷至沓来。女性生活和工作方面剧烈的社会变革，给时尚带来了深远的影响。波烈无力改变这一局面。一直以来，他都很好地把握了艺术和时装之间的界线。艺术鼓舞了他，他的时装因其不可思议的美令人叹为观止。身着波烈晚礼服，不亚于穿上一件福图尼（Fortuny）礼服，让你脱颖而出。这是集视觉冲击力和创造性思维于一体的高级时装。然而，到了 20 世纪 20 年代中期，他的连衣裙变得异常过时，人们心中永远有个不解之谜，为什么风靡一时的事物，顷刻间就那么地不合时宜呢，你甚至觉得穿着它回家都很丢脸。

波烈的婚姻破裂了，1929 年，时装店破产，之后他与伦敦的 Liberty 品牌有过一段短暂的合作，后来以失败告终。迫于生活的压力，他曾在酒吧工作过，衣服还是用茶几布改做的。1944 年，穷困潦倒的他在被占领的巴黎辞世。

2005 年，在经历多年雪藏后，一批为丹尼斯精心打造的正品波烈时装，在巴黎拍卖。其中有 28 件被纽约大都会博物馆（Metropolitan

Museum in New York）买去。宽松和质感就是波烈留给后人的遗产，那也正是藏品被发现后的这一季度我们在时装 T 台上所看到的。

因此，可可・香奈儿品牌并非从天而降，而是有备而来，应运而生的。但是，香奈儿仍然是真正的革新者，政治委员列宁（Lenin）和托洛茨基（Trotsky），无情地毁掉了现代服装的过去，把它们完全取缔了。她好像使用了某种摄影技术，把街头巷尾齐踝束腰裙成功地“清除”掉了。中年妇女们纷纷前往珍妮・朗万的时装店购买特色时装，以掩盖她们身体的缺陷。

没有任何人可以创造如此经久不衰的时尚，以至 20 世纪 80 年后依然在我们当中流行。香奈儿的作品与现代主义是分不开的：包括毕加索、斯特拉文斯基（Stravinsky）以及詹姆斯・乔伊斯（James Joyce）（对那些不懂现代主义，没有欣赏过绘画，未读过小说，未听过交响乐的人产生了更为深远的影响）。其基本理念就是重新彻底地对现实予以解释，从形式上彻底革新方能改变内容。文化史学家伊丽莎白・威尔逊指出，20 世纪 20 年代早期的服饰只是模仿了现代主义绘画那生硬的二维风格，强调空间、光线和色彩。但是香奈儿的“时尚虚无主义”则像艺术一样，首次对时尚本身的元素提出了疑问。如果说立体主义或未来主义是机器时代的艺术，那么香奈儿小黑裙堪称时装界的艺术。

天才从来不关注别人怎么想。他们往往有自己全新的思维。

香奈儿是个私生女，长大后成为一名女售货员，然后从女售货员变成了情妇。当时法国情妇们熟悉任何一个读过普鲁斯特作品的人。她们一觉睡到中午，然后去购物。她们为消费而生，也在被消费着，她们央求自己的情人给她们买金银珠宝，这些可以陪伴她们直至年老色衰，惨遭抛弃。她们周围的环境很奢侈，奢华的商品、壁纸、椅子、服装、羽毛饰品。香奈儿的传记作者艾德蒙·查理-鲁斯（Edmonde Charles-Roux）解释说，她曾经是一位情妇，与一个赛马师相好，她开始去当地一家裁缝店做衣服，而那家裁缝店唯一的客户就是猎人和马夫。查理-鲁斯认为："嘉柏丽尔（Gabrielle）（她的真实姓名）按照自己的想法装扮自己，在各方面都竭力摆脱周围处处可见的奢华，是想远离她最惧怕的命运——被人视为情妇。她坚信服饰可以体现个人的社会角色，她坚持自己不能穿这种服饰，否则会被定格在情妇这一角色。

1908年，香奈儿的英国情人鲍伊·卡柏[1]（Boy Capel）带着她前往巴黎，并为她开了家女帽店，当时的香奈儿还是一个无名小卒。她设计的首批帽子再简单不过了："宽大的波浪状帽檐，加上一个不显眼的几乎不起任何作用的王冠。"没有任何鸵鸟羽毛或立体羽饰，也没有薄纱卷花或飘带。1914年7月，香奈儿用从英国运动员和赛马师更衣室里搜集来的两块布料，做了第一套服装——一块是平纹单面针织布，一块是做西装用的法兰绒布料。两年后，她发现，机制的平纹单面针织布可做内衣、长内衣裤和背心。她用这种布料做连衣裙。

---

1. 鲍伊·卡柏：香奈儿女士钟爱的英国情人，他带着香奈儿参加马术训练与高级定制服装展示会，从而让香奈儿决心要成为一名女帽设计师，这个转变也为她开启了一条通往设计的自由之路。（译者注）

查理 - 鲁斯写道，香奈儿总是把波烈在解除紧身衣和缩短裙长方面的创新归功于自己。但他坦言，1916 年，香奈儿确实是“给时尚界带来了决定性的变化，并且使得这种变化持续了数百年：女人有权追求舒适，可以穿着衣服自由活动；与装饰品比起来，风格尤为重要；最后，‘劣质’材料顷刻间也有了用武之地，自然而然地推动了时尚在大众中的快速发展”。

穿着香奈儿时装的女性，“是独一无二的，至少在她们自己眼中，史无前例。她们觉得自己就是一个全新的女人，服装也是无与伦比的。”他这样写道。

1926 年，香奈儿创作了第一件小黑裙，风格简洁至极，其在时尚界的影响之大堪比车轮和餐叉对人类生活的贡献。香奈儿之前出现的黑色裙装曾引起过她的注意，但是那不够迷你，有点儿像丧服。无论如何，谁才会真正看到这种挽着蝴蝶结，打着褶，挂着蕾丝边，撑着裙撑，带着羊腿袖的黑裙子呢？香奈儿所设计的迷你裙简约、精美、高雅。她宣称自己所谓的“简约的奢华”才是时尚的真髓。她这种极具革新的设计方式，意味着黑色裙子既适合日间穿着，也可作为酒会晚装以及晚礼服。

第一件小黑裙，是本着民主的原则设计的：不管社会地位如何，任何女人都可以穿着小黑裙。你可以穿着它在丽兹酒店（The Ritz）享受午餐，也可以穿着它坐在办公室打字。最初设计展现给世人的是长袖包臀装，腰部紧缩，裙长刚到膝盖以下。唯一的装饰就是肩部垂下、底边悬起的两件打褶的V形配饰，几乎彰显了立体主义的实效。香奈儿毕生都在发展这一无处不在的理念，变换布料、添加亮片或雪纺裙裾，但是唯一不变的就是要做到最基本的简约。对于首批身穿香奈儿时装的中年女人来说，这确实是一种考验，因为千年来出现的这种最新潮的服饰，其整体新颖的风格适合那些无胯或平胸，非常年轻的女子。20世纪60年代，时尚又一次达到全新境界的时候，道理也是一样的。新潮的服装是供那些青春年少的女人们享受的。

*

我并非试图提出有关时尚的理论或是在该领域的学术思想研究。我只是对此心血来潮，因为我只关心自己所穿的，不那么在乎其中的深长意味。但是，当你靠在沙发上，喝着咖啡，随意地望着窗外，想着晚上要穿什么，为什么衣柜里的一切都似乎不妥（那由来已久的“我没什么可穿”的悲叹涌上心头）？你必然会思考为什么自己不能穿那件浅莲红的保罗·史密斯（Paul Smith）时装，来配那双艾玛·霍普（Emma Hope）带绣花，并用宝石点缀的丝绒中跟鞋。8年前你买的时候，递过信用卡的手禁不住颤抖，但是耳畔传来诱惑：该为自己的装扮投资了。

你不能这么穿了，因为中跟鞋已经彻底过时了。穿上它就是大错特错。

但为什么会这样呢？这的确是一个值得深思的问题，确实需要了解一些有关时装史的理论研究。

关于服装的“语言”，法国评论家罗兰·巴特（Roland Barthes）写了整整一本书。打开这本书，你会发现，“至于现存的一切服装史中的根本错误，最严重的问题（因为这更具体）就是，方法论的轻率混淆了内在和外在的区分标准”。

多年前，我攻读英语文学博士的时候，为了消遣，常阅读一些这方面的资料，陶冶在高水平的学术氛围里，我兴奋不已，激情满怀。然而，现在读得没有那么多了。伊丽莎白·威尔逊在其作品《梦里的穿戴：时尚与现代性》（*Adorned in Dreams : Fashion and Modernity*，1985），做了很多的（我这么觉得）学术研究，分析为什么那么多关于时尚的无趣味的理论经不起研究，尤其是经不起那些对时尚并不感兴趣的人的推敲。更有甚者，一经一些固定的思想框架启发，如马克思主义，那些理论就更站不住脚了。

威尔逊写道，有人急欲搪塞过去，敷衍地解释时尚，毕竟要自圆其说。学者们构想了时尚的无理性，还要费尽心思提供一些能解释这些最为荒谬趋势（如波烈的灯罩裙）的功能性原因，他们已被逼得抓狂。他们或许还会声称，时尚是资本主义的阴谋，服饰风格的变化是“强加给我们的，尤其是女性们，是在图谋说服我们更多地消费，其实我们根本不需要花费那么多”。

这一评论（我每天从一些轻蔑的男人和自鸣得意的女人那里听

到）的基础在于我们有“某些恒定不变的、易于界定的需求”——已经买了一条裤子，这条裤子不穿破，你就不需要再买一条，即使穿破了，买一件完全相同的就行，根本不需要买别的什么。倘若消费资本主义（Consumer Capitalism）没有采取令人发狂的举措，如不允许某一种商品永远有效，永远称心如意，那么你就会那么做。

这些讨论基于我们要通过逻辑判定来决定穿什么的想法。如果我们在这条理智的道路上渐行渐远，那就是因为我们已被这个压制性的社会所麻痹。只要我们能停止购物，能不再无止境地追求不必要的物质，我们就能改变这个世界！

但是，时尚与乐趣息息相关，而乐趣是非理性的。因为，我们选择吃一块巧克力泡芙条，并不是本着补充每日所需足够热量的目的。我们之所以不可救药地喜欢蛋糕，是因为它很美味。有趣的是，人们疯狂反对不必要的服饰，却很少从道德上抵制樱桃酒或胡椒牛排。没有人到餐厅闹事，或者抱怨一顿饭三道菜有多浪费热量，或者一块蛋糕有多奢侈。让道德家们发怒的不是毫无意义的美食，而是无意义的时尚。你可要识趣点儿，千万不要对他们盛怒之下发表的种种厌恶女性的恶毒言论嗤之以鼻。

夏娃是第一位引诱男人的女性，也是时尚的第一个牺牲品，是她迫使我们穿上了衣服，在她之前，人类堕落前的社会，我们根本无须穿衣。天冷了，我们就割掉食物的毛皮，然后穿在身上。大概，道德家们让我们相信了这一切。然而，1831 年，托马斯 · 卡莱尔（Thomas Carlyle）在其哲学讽刺作品《拼凑的裁缝》（*Sartor Resartus*）中指出：

> 衣服的第一个目的……不是暖和或体面，而是装饰……为了装饰，野蛮人必须要有衣服。不仅如此，在他们当中我们还发现了文身和体绘，这些甚至在衣服之前就已出现。野蛮人首要的精神需求就是装饰，诚然，我们在文明国家的野蛮群族中依然可以发现这一点。

关于青铜器时代人们的穿着，《旧约》（*The Old Testament*）记载了很多饶有趣味的故事。摩西（Mose）前往西奈山（Mount Sinai），接受《十诫》[1]（*Ten Commandments*），当他还在沙漠中穿梭的时候，以色列的孩子们用自己的耳环膜拜上帝：

> 亚伦（Aaron）对他们说："你们去摘下你们妻子、儿女耳上的金环，拿来给我。"百姓就都摘下他们耳上的金环，拿来给亚伦。亚伦从他们手里接过来，用雕刻的工具铸成了一只牛犊。他们就说："以色列啊，这将是你们的神，它会领你离开埃及这片土地！"（《出埃及记》*Exodus* Ch.32 V2-4）

从那以后，仅因服装的功能性而穿衣的黄金时代一去不复返。装饰历来就是人性的一部分。往古代追溯，你会发现，人类尽己所能，寻找并使用物品，就是为了让形体更好看、更强大、更具魅力，以唤起更多的情欲。

1.《十诫》是《圣经》记载的上帝耶和华借由以色列的先知和众部族首领摩西向以色列民族颁布的十条规定。据《圣经》记载这是上帝亲自用指头写在石板上，后被放在约柜内。犹太人奉之为生活的准则，也是最初的法律条文。（译者注）

或许，最早的对装饰的强烈欲望源自与神的关系。威尔逊说：“我们透过人类学层面看时尚，会发现，它与魔法和仪式密不可分。”她指出，衣服使个人与圣灵以及四季之间有了特殊的关系。当你向神灵祈福的时候，不会穿便服，尤其是当他（她）能给你带来丰收，解救你和你的部落，使你们免遭饥饿的时候。或是面试，或是结婚之际，你也不会穿便装。

人们装饰身体的原始欲望就是一个亘古不变的动力，任何试图通过资本主义理论对此予以解释的人，都以失败而告终。为什么我们喜欢打扮？这一疑问意义深远，犹如在问，为什么第一个男人（或女人）通过簧片（或苇秆）创作了音乐？或者，为什么人们在山洞的墙壁上作画？

我也很感激伊丽莎白·威尔逊，因为她能果断应对小说家艾莉森·卢里（Alison Lurie）关于服装的评论，后者认为服装“很大程度上，就是个人和群体心智的无意识状态，是通常情况下无意识的非语言形式的符号交流”。威尔逊写道：“卢里总是以博学的观察者自居，高高在上地用她那自以为很完美的对服装的了解，堵得人说不出话来。”她对这些评论不以为然，从一切困扰着人类的矛盾出发，她认为时尚大抵就是我们与时俱进、试图抵抗衰老的一种方式。

我们的身体一直变化着，无论是我们坐着、呼吸着，我在写作，还是你在阅读，每个细胞，每个分子都在进行着代谢。我们不断地变化着，先是生长，然后衰老。或者说，我们拥有的一切之中，身体是最易变的。而其间的思维和记忆，屈辱地仰仗着那血肉之躯，在黑暗中潜行。

伊丽莎白·威尔逊援引了德国社会学家勒内·柯尼希（René König）的话语，她认为柯尼希“洞察出了时尚永恒的变化，其‘至死不渝的愿望’就是疯狂地守护人类不断变化的身体，抵抗衰老和死亡……时尚不仅使我们看起来魅力永驻，还是一面镇守我们心理防线的镜子，它照亮我们的闪光点，并将其永远地凝结为固定的形象”。

我同意她的观点。时尚关乎时间永恒的运动，又在防御光阴无情地流逝。唯有做几件衣服，方能保持时尚持久的稳定性。如德国犹太移民李维·斯特劳斯[1]（Levi Strauss）生产出的以铆钉加固的蓝色斜纹粗棉布牛仔裤，在加利福尼亚州淘金热（Californian Gold Rush）时期，大受淘金者们的青睐。任何时刻，牛仔裤都不过时，尽管膝盖以下裤子的宽度以及腰身的高低会有所变化。的确，李维斯(Levi's)501 裤型[2]既时尚又经典。你可以像我知道的一些人那样，十几岁的时候开始穿李维斯或李（Lee）或是威格品牌服饰，牛仔衬衫配着皮夹克，40 年后还穿着完全相同的服装，当然，考虑到衣服的磨损，可以进行替换。

1. 李维·斯特劳斯，牛仔裤的发明者，李维斯品牌创始人。（译者注）

2.501 裤型是 Levi' s 牛仔裤中最经典的，也是历史最悠久和最畅销的牛仔裤产品，是收藏者的首选。据说，一条 1886 年到 1902 年之间制作的 501 牛仔裤，在 1997 年曾经卖到 2.5 万美元天价。501 设计简单，直筒中腰剪裁，纽扣式设计，臀围位置不完全贴身，穿在身上宽松舒适。（译者注）

但是，大多时尚不是如此。服装史学家詹姆士·雷沃（James Laver）剖析了时尚起伏变化的波动情况：

同一件服装

不得体……盛行前 10 年

有伤大雅……盛行前 5 年

可爱……盛行前 1 年

盛行期

过时……盛行后 1 年

丑陋……盛行后 10 年

荒谬……盛行后 20 年

有趣……盛行后 30 年

古雅……盛行后 50 年

魅惑……盛行后 70 年

浪漫……盛行后 100 年

漂亮……盛行后 150 年

莫非我们也被时尚的变化莫测（其记忆的短期性、注意广度的微小、对震撼于新时尚的迷恋与厌倦）搞得晕头转向？还是时尚受制于人们追求变化的欲望？一首老歌里的两句歌词似乎凝聚了人们对新鲜事物的原始追求：“她也许厌烦了，女人确实会厌烦 / 每天穿着同一条破裙子。”

或许我们对新鲜事物的深切渴望与我们强烈的求生欲密不可分，

我们只想好好地活着。不知不觉间,我们明白了生命在于永恒的运动,而运动就会带来变化。时尚一直在变化着。它会突然放弃某种特定的裙摆、色彩、夹克或者是整个有关女性穿衣打扮的思维方式,同时会淘汰掉手套、帽子以及珍珠——时尚那令人发狂的短期记忆带着你越走越远,过往的一切遥不可寻。如果昔日的点滴对于你来说,没有什么值得留恋的,那你或许要感激时尚,感谢它让往昔变得过时不堪、那般陈旧,真所谓今非昔比。

当我们因中跟鞋过时而不穿它的时候,我们就明白了绝不能活在过去。总有为数不多的风格怪异的人打破常规,任何时候想穿什么就穿什么,但是我们其他的人却只是有意无意地多多少少改变了一些。我们就像成群结队的北美野牛,浩浩荡荡涌向大平原,一个牧场接着另一个牧场,哪里有食物,哪里就有我们的足迹。

我们是怎么知道变化的?因为周围的一切都在暗示着我们,广告、电影、电视、红地毯上名人的穿着,但更为重要的是,我们观察到了大街上人们的穿衣打扮。我们不仅关注潮人穿什么,还注意到了公交车上或者工作中的普通大众的衣着。

过去、现在、将来无一不凝聚在我们的服装里,一条连衣裙或是一双鞋子时时刻刻都彰显着我们的变化。

8

凯瑟琳·希尔：与阿玛尼共进晚餐

Catherine Hill: Dinner with Armani

一些人遭受重大精神创伤之后，会通过音乐、绘画、文学、园艺或者多年的疗养来走出阴霾。对于凯瑟琳来说，只要身边有一堆漂亮的衣服就足够了。她说："在那里，我内心一片宁静，远离喧嚣，我的灵魂充盈。因为心系美好，自然充实。你眼前就像是田园湖泊，犹如一曲动人的旋律，没有任何不和谐的因子。"

她学会了销售的艺术，学会了如何帮助一个女人找到一件能提升个人魅力、能从内心深处带给她无穷的欢乐和自信的时装，这也正是我们渴望从新衣服里获得的。这才是关键！

我觉得她们在否定某些对女人必不可少的东西。这不仅和女人的特质有关，还牵涉到欲望、性感和吸引力。你用不着太庸俗，也无须半裸着，注意一下穿衣的风格就行了。要是男人说他们不在乎，我可不信。

她毫不犹豫，无所畏惧。她打算开一家时装店，一家欧洲时装店。店里的第一批货是从意大利针织衫设计师乌贝托 · 基诺柴迪（Umberto Ginochetti）那里进来的，他所生产的针织衫主要供给温加罗（Ungaro）和华伦天奴（Valentino），而且他已开始创建自己的时尚品牌。她购进了 500 件商品，他给了她一些休闲裤，以便与针织衫一起出售。

在巴黎歌剧院附近，有一家小的时装店，她发现里面有一些自己喜欢的商品，就问可不可以买几件。她买了酒会礼服，还有魅力十足的带有狐狸毛领的晚礼服，这些都是玛琳 · 黛德丽（Marlene Dietrich）会穿的，价值 2700 美元，算是她所有商品中最昂贵的了。但是，早年，她所出售的服饰的确是多伦多上流社会女人中刚刚时兴的，是很时髦的穿着风格；女人们走出去，再也没有了珍珠和小西装——杰奎琳 · 肯尼迪风格（Jackie Kennedy look）谢幕了。

1972 年 12 月 7 日，时装店开张了。她的女儿史蒂芬妮一放学就过来帮忙，店里有位服装裁剪师傅，她对时尚一无所知，只会一边不停地抽着香烟，一边裁剪衣服，甚至都无须真正地对时尚有所了解。凯瑟琳让她坐在桌子后面，必要时接一下电话，没有电话的时候，也不要跟任何人讲话。那天，第一位顾客是一位意大利女士，她想做一套礼服，用来参加女儿的婚礼。凯瑟琳给她看了看巴黎特色的酒会礼服。这个女人说，她留点儿押金，拿一件回去给女儿看看。

“我从来没有开过店，我哪里知道什么？把衣服借出去，肯定是疯了。在伊顿百货，我们把衣服发给顾客，而他们总是会签收的。不过那女人回来了，买了那件礼服。接着，来了个男人，他说周年纪念日到了，想给妻子买件礼物。我给他看了最贵的那件晚礼服，他说他买下了。所以，第一天，我的生意还不错。”

凯瑟琳一直想要有条黄色地毯。她之前并未想过多伦多的冬天，顾客会把脚上在大街上所沾的烂泥带到店里来。她在店门口贴了温馨提示，提醒顾客进门脱鞋，并且还为顾客提供了塑料拖鞋，你修脚的时候会穿这种鞋子。整个城市，一流鸡尾酒会上，到处都是关于凯瑟琳·希尔的流言：一个来自克雷德的女人，开了个时装店，还从意大利进了些稀奇古怪的针织衫，她以为自己是谁啊？不换鞋，居然还不让进店！

少女时代，她曾在奥斯维辛集中营里待过，后来婚姻失败，沦为单亲母亲的她，独自带着女儿谋生，又惨遭克雷德遗弃——就这么一个女人，在她的时装店里，陪伴她的是自己从欧洲买来的时装，这难道是一种精神疗法吗？服装或许抹不掉记忆，无法消除丑陋、暴行和恐惧，但至少算得上是一种慰藉。

一些人遭受重大精神创伤之后，会通过音乐、绘画、文学、园艺或者多年的疗养来走出阴霾。对于凯瑟琳来说，只要身边有一堆漂亮的衣服就足够了。她说："在那里，我内心一片宁静，远离喧嚣，我的灵魂充盈。因为心系美好，自然充实。你眼前就像是田园湖泊，犹如一曲动人的旋律，没有任何不和谐的因子。"

就这样，整天待在凯瑟琳时装屋里，她监管了室内一切装饰，所以她眼前所见尽是美的盛宴，远离了过去的黑色记忆，她再也不是那个脚穿薄凉鞋在新斯科舍省（Nova Scotia）着陆的无家可归的难民；也不再是那个对她的穿着颐指气使的男人的妻子；亦不是那个时尚总监、老板仅凭别人一点新鲜的见闻或想法就挡住她朝着时尚自由发展的脚步，发挥自己对时尚特有的潜质。

然而，这些还不足以让她创立自己的时装屋，聘请自己信任的设计师。你还得会销售，要了解客户。不仅要从内心深处了解一个女人想要什么，还要让这个女人忘记她想要什么，给她保险而中肯的建议，教会她如何打扮自己。她学会了销售的艺术，学会了如何帮助一个女人找到一件能提升个人魅力、能从内心深处带给她无穷的欢乐和自信的时装，这也正是我们渴望从新衣服里获得的。这才是关键！

她从巴黎女售货员那里留意到某种特定的技巧（迪奥时装店里尤甚），她们会温柔地说服一位女顾客脱下一件不适合自己的服装，但是凯瑟琳，因其直率而出名，看到顾客穿上一件不合适的服装，就会直言不讳：你必须得把它脱掉，因为这不适合你。

"我从来不会等到一个女人说她讨厌这件衣服。我自小就诚实，这种品质一直延续到我的商业领域。顾客能感觉到我的自信，他们知道我很看重服装，不会卖给他们不合适的东西。因为，我会在样品间里甄选好衣服，这可是我的强项。走进温加罗时装店，你会发现那里有400件样品。你习惯以特定的眼光购买一款服饰，我可不敢苟同，我想甄选出一款与众不同的，而不愿意看到我的服装店和其他服装店一样，都陈列着一模一样的阿玛尼服饰。布朗斯百货（Browns）的琼·伯斯坦以自己独到的鉴赏力购进时装，纽约的某个人也有自己的购物心得。当然，一些经典款你必须要有。

“所以我把自己这种在设计师样品间甄选衣服的本领，传达给了顾客，他们不用在店里漫无目的地瞎逛了。我的时装店大了很多，有7000平方英尺——顾客说他们仿佛来到了一个漂亮的博物馆，所以我并不介意他们四处闲逛。我想我最喜欢纽约的顾客，就是那些纽约土生土长的顾客，他们去过我后来开张的棕榈滩（Palm Beach）时装店。我总能辨别出来波士顿或肯塔基州或芝加哥的顾客，因为《纽约客》（*The New Yorker*）杂志有所记载，这些人经常旅游，而且纽约有很多百货商店，他们很有消费力。”

凯瑟琳渐渐意识到，女售货员就好比治疗师。“一个女人进来说自己太胖了，完全就在贬低自己的价值。我记得有过这样一位客户，她是一位匈牙利精神病学家，酷爱服饰。她在和一个年轻人约会，每天晚上她都会把自己所有的衣服摆出来，精心挑选第二天去办公室要穿的衣服，甚至连她都迷茫了。虽然，她要身材有身材，要什么有什么。因为，衣服与人的智力毫无关系，这不是聪明与否的事情。

“销售过程中，需要有很多的情感付出。走进精神病科，患者躺在沙发上，精神病医师做记录。而要打扮一位顾客，你就要面面俱到，她坐在你的沙发上，不停地抱怨，这不称心，那不如意，你就得当场为她解决好问题。你要采取行动，要在一个小时或者 20 分钟内搞定一切，可是，她去精神病医生那里，要花费两年时间才能解决这一切。

“销售是一个持续不断的过程，犹如一场戏剧表演，因为你要让客户信服。这里有背景，有剧本，也有会面。有始有终，方能皆大欢喜。唯一难办的是，衣服很漂亮，但是对于顾客来说，尺寸不合适，这你就真的无计可施了。不过，改衣服很重要，你得有一个改衣能手。任何一家高档商品店，都不能缺少一位改衣能手，这人需要了解如何剪裁，在何处下手，这就是一个构建的时刻，你确实是在重塑那件服装。

“我认为写作的重要性无异于时尚的重要性，也就是我们穿什么，如何展现自我的重要性——没人承认这一点。这对于女人来说，尤为重要。因为她们都想漂亮点儿、稳重些，她们都想传达些什么，然而却说，我不太在意穿着，那她们太草率了。我觉得她们在否定某些对女人必不可少的东西。这不仅和女人特质有关，还牵涉到欲望、性感和吸引力。你用不着太庸俗，也无须半裸着，注意一下穿衣的风格就行了。要是男人说他们不在乎，我可不信。”

在约克维尔区（Yorkville）做了几年生意之后，凯瑟琳在海泽顿商场（Hazelton Lanes）开了一家新的时装店，海泽顿商场云集了众多高端精品时装店，楼上是公寓，如今她就住在那里。由于店面扩大了很多，她开始慎重地从意大利进货，尤其是从三位她所拥护的新设计师那里买进商品，他们就是：阿玛尼、范思哲和费雷（Ferre）。在年轻的设计师开自己的时装店之前，零售业得到了新的发展，就是在百货商场或凯瑟琳时装屋似的高端时装店里经营小型独立的时装店。

刚开始出售这些从意大利购进的服装时出了些问题。她之前一直买进普拉达品牌包，但是买进服装系列之后，她发现这些并不适合大多数北美女性。"尺度不一致，8 码并不是标准的北美的 8 码。这是照着意大利女人的身材剪裁的，而她们身材是完全不同的，和法国女人的也截然不同。"

华伦天奴、范思哲、费雷、克里琪亚（Krizia）还有阿玛尼等时尚品牌在凯瑟琳时装屋均有店面，而且他们只与她有合作。想想赚到的钱，真是既惊喜又让人兴奋。阿玛尼加盟凯瑟琳时装屋的时候，她邀请他来多伦多参加开业仪式，他同意了。

"在其中一套空的公寓里，我们享受了盛大的午餐，就在我们现在坐的地方。我们一共邀请了 27 个人，所有新闻界的朋友们，其间他没用英语说一个字，所以只要他站起来发言，我就得也站起来，翻译他所说的一切，因为他总是会说，我为什么要学习英语？直到今天我才确知他会说英语。所以我特别欣赏他，因为他不仅英俊潇洒，还很真诚。与他们一起成长，他们就像我的孩子，我发掘了他们的潜质，他们成名了。我觉得跟这些设计师在一起工作很自然，我们是平等的，我想他们也丝毫没有把我排除在外的意思。

“他们知道我是欧洲人，也尊重我说英语这一事实。我一直觉得我和这些设计师们就像是一家人。费雷到了棕榈滩后，我们经常一起蹦迪，一起享受午餐，共赴晚宴。他在迪奥当了几年设计师，就这样我也贴上了迪奥的标签，他一成为迪奥品牌设计师，我就自然而然地与克里斯汀·迪奥有了不解之缘。

“他在凯瑟琳时装屋开张的时候，我还在和他一起吃早餐。我说我很紧张，不知道时装店开张的时候该如何布置橱窗。他说：‘我来帮你，我们去买两三百朵粉牡丹，你就把这些牡丹花摆在所有费雷橱窗的地板上，不要放那么多衣服，各处放几件即可。’就这样，他为我规划着一切，他边吃早餐，边用奶油蛋卷比画着。

“因此，无论是在我进货的时候，还是我在样品间的时候，我们之间都有着某种难以名状的亲密感，这几个设计师对于我来说，似乎并不陌生。我觉得时装秀时，面对着眼前华丽、高雅的盛况，还有那么多的人，我会望而生畏，因为那将是一种奇妙的体验，尤其是高级时装秀，灯光一亮，一件件华美的服饰让人兴奋不已。时装秀持续 20 分钟到半个小时，其间你见证了那惊人的努力和天赋。我禁不住随着他们心荡神移，梦游仙境。普通的采购员不会参加这种时装秀，但是他们都会给我入场券，因为我知道他们在时装秀中展示的商品真的会持续到下个季度，所以我早已知道未来的半年或一年时间里会发生什么。时装秀是我生命当中极为精彩刺激的片段。

“有时候，看了时装秀之后，你会清楚自己接下来的采购会更加困难，因为这段时期设计师的设计流行起来了，他们总想再带来一些新的作品，这就好像是在高危地带溜冰。要想获得与众不同的服饰，你就要有创新，你得非常认真地去挑选。一些季度比其他季度要艰难一些，不过有些还是很好的。”

当时正值 20 世纪 80 年代，凯瑟琳在纽约有个情人，他说服她在佛罗里达州棕榈滩开家时装店。这一次搬迁很明智，因为很多富有的加拿大人南下过冬，所以，除了能吸引众多的美国消费者，她早就有了一个客户群。

“这的确是我事业的巅峰时刻。我得到了美国同僚的一致认可，也因此提高了声望。时装季开始于感恩节，在复活节结束，所以我可以在夏天的时候暂时关闭时装店，因为有好多工作要做，我得来回飞，但是那个时候，我已经有了很多员工，有 20 个人为我效力。1980—1990 年这十年，令人非常兴奋。美国地产大亨唐纳德・特朗普[1]（Donald Trump）为我提供了特朗普大楼（Trump Tower）的所有店面供我挑选，现在我真希望那个时候在纽约开家时装店，因为我

1. 唐纳德・特朗普，曾经是美国最具知名度的房地产商之一，人称“地产之王”。依靠房地产和股市，特朗普拥有纽约、新泽西州、佛罗里达州等地黄金地段的房地产，并且创建“特朗普梭运航空”，也是新泽西州“将军”职业足球队老板。（译者注）

喜欢美国女人做决定的方式，速度很快，我喜欢。圣诞节期间，我常去牙买加和拿索（Nassau），在那里我见到了美国孩子，只有七八岁，但比加拿大孩子思维敏捷得多，更加有决策力。任何在纽约出生的人，即使到了 40 岁，也会像《欲望都市》里的那几个女人一样，其思维依旧敏捷，决策仍然很迅速。”

在时尚界，20 世纪 80—90 年代，是凯瑟琳时代。她今天依然尊敬那时候出现的设计师，而且依然穿着他们设计的服饰。

然而，当她回顾这一生漫长的跋涉，从奥斯维辛集中营到时装秀的前沿，她总会想，那里到底是不是自己真正的归宿。

“我们总是上前祝贺那些卓越的设计师们，我本人是内曼·马库斯（Neiman Marcus）集团旗下时尚精品店波道夫·古德曼[1]（Bergdorf Goodman）的董事长。我经常耐心地排着长队，等着为他们祝贺，因为我明白他们为了时装展付出了太多，他们需要得到这份再次的肯定。有一次，为华伦天奴庆祝完毕之后，我正要走出去，突然看到了琳达·伊万格丽斯塔（Linda Evangelista），她身穿条纹服饰，这让我想起了集中营。正是她穿的那件条纹装，唤起了我对奥斯维辛集中营的回忆。

“眼前的华美魅惑、富丽堂皇的场面与我的过往形成了强烈的对比——那个时候，现实是多么的残酷啊，对于我来说，整个世界就

1. 波道夫·古德曼是内曼·马库斯集团旗下时尚精品店。集世界首席设计师之名牌于一堂的波道夫·古德曼，是美国著名的时尚传统百货公司之一。（译者注）

像是一场噩梦。我在思考社会的价值，还有那些对战争一无所知的女人们存在的意义。她们生来锦衣玉食，不曾有过那般经历。或许她们有过疾病，但她们的世界与我的是截然不同的。她们出生在恰当的时间，合适的地点，她们无须像有些欧洲犹太人一样，有过那么恐怖的经历。她们是多么的幸运啊！让人吃惊的是，我觉得我的设计师们也不知道这些。”

30 年来，凯瑟琳一直经营着自己的时装店。她发现自己境况的突变给生活打上了挥之不去的烙印，而正是这些外部事件导致了这一突变。

2001 年 9 月，北美零售业连续数月萎靡不振，纽约和华盛顿遭受的攻击降低了人们购物的欲望，时尚行业直到一年后才真正开始复苏。

“那天上午，他们从店里给我打来电话，让我打开电视，有什么事情发生了，就好像整个世界要土崩瓦解了。那两天，商场门可罗雀。我非常担心同情那些在纽约的人们，不过我觉得我们要再次遭受厄运了。这顿时让我回忆起了大屠杀。好恐怖啊，就像一场战争突然在北美爆发了，人们真的不再买衣服了。这我清楚，因为各处的零售业都犹如一场灾难。所有的一切都开始滑落，我的心理遭受了打击。我不得不关掉时装店，主要是我还没有续约。2002 年底我关门了。对于我来说这无疑是一个巨大的创伤。

“我觉得关掉时装店就好像失去了家园。这和战争的经历很相似。

我是自由的，没有被囚禁在监狱，但是我感到脚下的一切都在崩塌，我快要被淹没了，然而我却无能为力。我不得不关门，因为我找寻不到命运，又是一次突如其来的灾难。让人悲痛，万分悲痛。

“有人会说，你本来可以做出其他选择的，你本来可以换个思路解决这一切的。然而你为了你的远大理想而努力奋斗并最终有所收获。看到眼前这座城市，我很伤心，我听到有人在说，再也没有一个店像我的店那般好了。没有那事儿，纯属子虚乌有。现在人们更加欣赏我了，他们知道其中的差别；很遗憾，往昔的一切都不复存在了，无论是独家经营权还是设计师。”

漫长的时尚生涯就这么结束了，但是我们要做的就是尝试着去理解遥远的过去，让她和其他人更好地了解历史。1946年，抵达罗马，看到那琳琅满目的商店、丰饶的食物、华美的服饰以及重现的时尚，她觉得如获新生。很多年以前，在加拿大着陆的那一刻，她的确获得了重生：她就是——凯瑟琳・希尔。

关掉时装店之际，她想要重塑自我，也就是在那个时候，她决定写个人回忆录。退休期间，她努力追溯过去的时光，回忆那些让她得以幸存的重大决定。她不停地思考，不停地回忆。

当她充分意识到自己是个妙龄少女的时候……

突然对服装产生了浓厚的兴趣……

她在这方面的判断，从来没有过差池；

尤其是对那些让人困惑不解、难下决断的事情。

她之所以沉迷于此，

实际上是因为不善言辞的人

有着强烈的表现欲；

她想通过服装，

让自己变得楚楚动人，

用那毫无掩饰的精美服饰弥补自己言语的缺陷。

——亨利·詹姆斯

(Henry James)

9

塑造自我

Making a self: The creation of I

不管你需不需要收身，有腰带就意味着你已经成年了。你穿的衣服不能立刻让你变为自己想要成为的角色。服装犹如人生之旅，引导你获得某种身份，既要刻意争取，也要靠运气意外收获。

对于一位少女来说，人生的黄金时刻就是学会为自己挑选服装的时候。

当你开始打扮自己的时候，你就已经踏上了通向未来的路……

制服可以很容易地向他人宣布我们的身份，也可以不费吹灰之力掩盖我们的真实身份，在麦当劳（McDonald's）工作的人就是表明身份的。

所有的暴徒在其制服中都找到了内在的勇气，他们知道穿上制服，就能得到别人的尊重，更会让人心生畏惧。衣柜里也有幽灵、遗憾、空缺和记忆。我所拥有的这些衣服是我亲密的朋友，对我的生活有着重要的意义。当我穿上它们的时候，就变成了另外一个人。

厌女症的核心莫过于这样的范例：男人欣赏不了女性的外貌、形体美以及服装衬托下的魅力，反而把女人对美的追求看成是她们轻浮的具体表现。

女人追求和男人平等的人权、道德尊严以及聪明才智的过程中，主要障碍之一就是对服装的痴迷。

在某一期美国版 *Vogue* 杂志中，我读过一篇关于作家伊丽莎白·肯达尔（Elizabeth Kendall）的文章，介绍了她 1965 年从中西部到达拉德克利夫学院的情景，据她描述，她当时穿着裹裙和衬衫。很快，她就意识到自己穿得一塌糊涂，表现也不好，简直连呼吸都不对劲。学年末，她的演讲无聊又无力，走在图书馆的楼梯上，穿着裸跟鞋，带有松紧束腰的花呢裙，这身衣服在 20 世纪 50 年代和 60 年代早期很流行。

不管你需不需要收身，有腰带就意味着你已经成年了。它就是一种盔甲、一种束缚。这是女人成年期的标志，而不是少女时代。它把你的注意力集中到饮食和生理部位，强制性地抑制了你的性冲动。我之所以记得这一点，简单地说，是因为我十几岁的时候，就听了母亲的建议，束了腰带。我穿第一件少女胸罩后不久，就用束腰带了。

第二年伊始，伊丽莎白·肯达尔遇到了一个来自加利福尼亚的女孩。她穿着一件天蓝色外套，戴着一顶硬草帽。而肯达尔写道，当时的外套应该是灰色、黑色或棕色的，也就是比较实用的颜色（但是那很可能是因为，困在密苏里州，她从来没有见过整个 20 世纪 50 年代纪梵希、巴黎世家以及迪奥等所创造的精彩，更别提战前的夏帕瑞丽了）。对于肯达尔来说，整身衣服就像一套戏服，她震惊了，印象也很深刻。但是让她更为着迷的是天蓝色外套下面那帐篷式的硬帆布裙。“黄色底衬上印着一个个大的红色草莓。”肯达尔这样描述那次邂逅：

> 人这一生，总会经历这样的瞬间，设想转变，想象膨胀，幻想破灭。她并无意成为哈佛人眼中的一件装饰品。她只是一位妙龄女郎，一举一动都独具魅力。让我倾倒的，不只是她的姿态……还有她最典型的特质，她居然有足够的魄力去穿那条裙子。事实上，她还有几件那样的衣服，风格迥异。她说：“难道你不知道玛莉美歌（Marimekko）吗？”

玛莉美歌是芬兰一家小型的服饰和面料公司，创建于1951年，是1965年*Vogue*杂志某一期的力推品牌，一年后我们才有了这场相遇。当时他们所选的图案有点儿波普艺术[1]（Pop Art）的感觉，在那简单的黄色中短裙上点缀着V形图案，背面那一页是一个身着黑白比基尼式泳裤的女孩儿，泳裤臀部有雕花，上身是露脐吊带衫，脚上穿着风格统一的低跟靴。正如肯达尔所写的那样。她觉得他们的时装店以及里面的服饰：“所有的一切好像都在述说着‘欢乐’，那硕大的果实，梦幻般的条纹布，怒放的花朵，无一不在用各自的语言传递着这一讯

---

1. 波普艺术，一种西方现代美术思潮，是流行艺术（popular art）的简称，又称新写实主义，因为波普艺术的POP通常被视为“流行的、时髦的”一词（popular）的缩写。它代表着一种流行文化。在美国现代文明的影响下产生的一种国际性艺术运动，多以社会上流的形象或戏剧中的偶然事件作为表现内容。它反映了战后成长起来的青年一代的社会与文化价值观，力求表现自我，追求标新立异的心理。（译者注）

息。”

当专业学者解读服装，解密其中蕴涵的各种各样的信息的时候，很少会用到“欢乐”这样的大词汇。服装作为一种社会系统，应该传达给我们各种重要的社会文化信号，而不是新服饰能给穿戴者们带来快乐之类的情感宣泄。一般来说，比起那些学术研究，我更喜欢儿童文学作家的谦虚准则[1]，诺尔·斯特雷特菲尔德（Noel Streatfeild ）曾用简单而又极为精准的语言指出：“毋庸置疑，新衣服在任何情况下都是很有用的。”换句话说，不要问衣服能在世界上成就什么，而要问衣服能为我们做什么。

为了能攒钱买一件玛莉美歌时装，肯达尔不再买书了，几个月之后，她果然回去买了一件。大片的赭色棉花上满是紫红色海胆，三角裙的设计使她的身体摆脱了腰带的束缚。她写道，回顾大学时光，她发现自己无论去任何地方，骑车还是跑步，都始终穿着那件玛莉美歌时装。她穿着它与论文导师一起参加会议，把当时不再流行的

1. 谦虚准则，指英国语言学家 Leech 等人从社会学、心理学、修辞学的角度提出了礼貌原则（Politeness principle），该原则包含 6 项准则：①机智准则（ Tact Maxim），尽量减少别人的损失，尽量增加别人的利益；②慷慨准则（Generosity Maxim），尽量减少自己的利益，尽量增加自己的损失；③赞誉准则（Approbation Maxim），尽量减少对别人的贬低，尽量增加对别人的赞誉；④谦虚准则（Modest Maxim），尽量减少对自己的赞誉，尽量增大对自己的贬低；⑤同意准则（Agreement Maxim），尽量减少和别人之间的分歧，尽量增加和别人之间的共同点；⑥同情准则（Sympathy Maxim），尽量减少对别人的反感，尽量增加对别人的同情。（译者注）

小说家爱迪丝·华顿（Edith Wharton）作为专题研究，而且，写女性作家，也让她有了足够的勇气自己去做一名作家。

回到家乡圣路易斯，她把自己的那件玛莉美歌时装给了母亲，原因很简单，她的一位室友把自己不要的一件玛莉美歌时装给了她，似乎这些时装注定要传下去，就像是一本书改变了你，而你也希望它能改变别人。最近，她母亲刚摆脱了对 20 世纪 50 年代美国家庭主妇的严格限制，参与了民权运动。几个月后，在家庭旅行途中，他们经历了暴风雨，伊丽莎白替母亲开车。高速公路上，一辆卡车驶过，他们私家车的挡风玻璃上满是雨水。伊丽莎白紧急刹车，撞到了一座低桥上，她本人昏迷不醒，而她母亲，坐在乘客席，折断胫骨，不幸遇难。

在她已故的母亲衣柜里，那件玛莉美歌在同时期的素淡服装映衬下，分外醒目，她把它拿回去了，她写道 ：“从那时起，我就为了母亲和我而穿这件衣服。”

*

18 岁的时候，我们很多人都害怕因为有个性而被孤立，尤其是我们远离家乡，身边都是陌生人的时候，就竭力想和他们融洽相处。肯达尔注意到当时他们穿着统一的制服，她没有自信心和强烈的自我意识，不能像那个穿着天蓝色外套的女孩儿一样，不去在乎别人的想法和穿着。年轻人总是穿一样的衣服。直到几年前，所有的少女，不管体型如何，都穿着低腰牛仔裤，短款紧身衣露出了腹部赘肉，底下一块块摇晃的赘肉让人浑身起鸡皮疙瘩。接着，她们又买了工作服式的女长罩衫和紧身牛仔裤，把树干似的双腿勉强塞进去。她们不想引人注目，不想特立独行。和 40 年前的伊丽莎白一样，她们想和别人一模一样。在这样一种随大流的基本潮流下，我们中的大多数人开始朝着新的时尚进发。

别人穿什么，我们就穿什么，但是这转而又不断受到社会种种变化的影响。20 世纪 50 年代，人人都穿着两件套，戴着珍珠；十年后，又都穿着迷你裙。20 世纪 60 年代，激进的十年实际上是一场持久的性革命。服装是身体解放的一部分，这意味着 20 年前迪奥所创造的一切要破灭了。时髦、高雅、风格、女人味不再是衡量人们穿着的标准。你打扮自己，是为了从心里感受到自由。感到自由了，或许你就可以真正地让你自己（和他人）轻松自在。你总不能穿着细高跟鞋示威游行吧。

20 世纪 60 年代服饰的自由化、多姿多彩自由舒畅的时装、低跟圆头鞋以及烫发、洗发、做头发等的消逝（毁掉了我父亲的生意）都使得女人们焕然一新。难以想象女人们穿着“新风貌”时装是怎么活动的。

那些针对服装的语言进行写作的人认为这种语言就是一种外部对话，仅存在于世界的某个地方。但是，服装却总是和我们交谈，我们也总会予以回应。女权主义者弗吉尼亚 · 伍尔夫（Virginia

Woolf）从未忽视过服装的重要性，她描述了这样的经历："是衣服穿了我们，而不是我们穿了衣服，有太多的现象可以支持这一观点；我们用衣服勾勒出手臂和乳房，而衣服按照自己的意愿塑造了我们的内心、头脑和言语。"

这就是我那移民的祖父母的状况，19、20世纪之交，他们逃避俄国军队征兵，安全抵达英格兰海岸。一到英格兰，我那足智多谋的祖母就仔细环顾了这个新的国度，她注意到在这种森严的等级制度下，她和家人没有显著的社会地位，而她精神恍惚的丈夫头脑可没有这么灵活，他总是沉迷于威士忌和祈祷书带来的乐趣当中。这也算是一种优势吧，因为没有人能够压制住你，告诉你要看清自己的身份。如果连你自己都不知道自己的身份，别人又怎么会清楚你是谁，从事什么职业呢。

因为绅士戴着礼帽，而工人戴的是便帽。成千上万的细节都能够暴露出穿戴者的身份。在家中，女士无须系围裙；女仆很少穿戴别的什么。工人阶级的女孩儿脚上穿着靴子；而她的女主人则穿着小山羊皮拖鞋。我的祖父，留着大胡子，顿时显得像个外国人，于是他把胡子剃回了小胡须。

仅仅通过观察另一个阶级的着装规范，我祖母就意识到他们可以大胆地穿上流人士的服装，这样就能在这个世界上有自己的一席之位。

他们时常提出一系列家教，鞭策自己和孩子们努力融进这个社会，养家糊口，避开他们所畏惧的权威，以免因说错话或者做错事而遭放逐。祖父只学会了几句支离破碎的英语句子，但他还是设法表达了如下这一深邃的思想："只有一件事比身无分文更可怕，那就是看起来像是一个穷光蛋。"

我的祖父母天生就知道衣服的重要性。他们骨子里没有清教徒的那份清高，完全不渴望清心寡欲的简单生活。凭直觉，他们意识到自己的穿着会影响别人的评判，在跻身上流社会的过程中，他们给别人留下的印象越好，对他们就越有利。他们的六个子女懂得衣服铸就了新移民。他们在衣服上花了很多钱。男人们在奥斯汀·里德（Austin Reed）买西装，女人们则让丈夫给她们买貂皮大衣和钻戒。

我父亲的长兄，也就是我的伯父路易斯，是一位完美的服装师，在此基础上，他往前迈了一大步，因为他有着某种特殊的生存智慧。他强调，无论什么时候他买一顶新帽子，他都会把姓名的首字母 LG 用金线缝在防汗带上。没人能看得到，但是戴上那顶帽子，那重要的信息就会渗入他的脑海，他清楚金字就在那里，于是他就会满怀信心，昂首阔步地向前奋进。

当然，当他脱帽进屋或者是向一位女士行脱帽礼之际，任何人都可以瞥见 LG 两个鎏金大字，并且意识到眼前站着的那个人——就算不是一位绅士，也是一位自尊心极强的人，他姓名的首字母竟然用金线缝在帽子里。他自视甚高，别人也就自然而然地以貌取人。有段时间，靠出售麂皮，他赚了不少钱，人们过去常常用麂皮擦玻璃，或者干些其他无关痛痒的活儿。

我就在这样的家庭里成长起来，尽管我们很了解服装，却从未走在时尚的前沿，也不曾做过服装生意。你走出家门的时候，得好好想想要穿什么。你把衣服当作武器和盔甲，并用它们在这个时常充满敌意的世界里赢得尊重。如果你的衣服过时了，别人也就会相应地觉得你连最起码的常识都不了解，根本不知道本季度时装的裙摆长度该到哪儿。倘若你对此都一无所知，又怎么可能了解别的什么？做事情，例如做生意的时候你该有多么的天真啊，怎么可能有能力去欺骗这些乡巴佬呢？

说到衣服，我的家人对这些常识再了解不过了。

正如我的祖父母所发现的那样，服装暴露了他们的信息，让这个新的国家知道了他们是新来的，不得其所，不合时宜，但是改变了服装（改变了服装也就意味着改变了服装所传达的信息），也就改变了自己。尽管衣服可以用来掩饰，它却不仅仅是一种伪装；它同时也促进了同化，在这个过程中，他们变成了英国人，并在这里扎下根来。我外祖母和母亲最大的区别在于，她要遵守宗教礼制，把头剃光戴着假发，而我母亲没有这样。实际上，我母亲不仅去理发店，还成了理发店的接待员，而且嫁给了老板。不戴假发，让她从内心深处觉得自己是一个英国人，尽管事实上英语并非她的母语。

20 世纪 90 年代的时装表演真实地呈现了这样一种理念，你想成为什么样的人，就穿什么样的衣服（或者说你不想成为什么样的人，就要避免他们的着装），那么穿上戏装就可以变成你想要的样子。快乐的黑人们装扮成商人、模特、选美皇后、农家主妇，在延伸舞台上竞相争艳，他们相信不管有多么地难以置信，只要他们表演得像哪种人，他们就是哪种人。这其中有令人心碎的渴望。贫民窟里患艾滋病的男人们、异性装扮癖患者很清楚如何穿着才适宜，他们想要像正常人一样地工作和生活，但这太遥远了。不过，直觉告诉他们，在这个世界上，他们被那种体面生活拒之门外，他们很勇敢，有自己坚定的信念。然而，只有信念，永远是不够的。

你穿的衣服不能立刻让你变为自己想要成为的角色。服装犹如人生之旅，引导你获得某种身份，既要刻意争取，也要靠运气意外收获。你试穿一件花呢夹克衫，内心深处是想要带小狗在乡间小路上散步，你明白自己选这件衣服一定与你内心的某一方面有关，但你自己并不了解这到底是哪一方面。或者你戴上一顶礼帽，发现自己有几分装腔作势。诚然，一切性别易装不过是我们表达秘密自我的一种方式，这种秘密自我掩藏在我们的表象之下，别人按照我们展现出的表象认为我们是这样的，而在我们内心深处，我们不是，或者说不完全是。

通过服装，我重塑了自我，最初就是穿母亲为我买的天鹅绒罩衫礼服。如果说我母亲战争期间是位妙龄少女，曾经穿过那些短裙，戴过卷发，穿过笨拙的松糕鞋，如果这一切都是真的——那么战争一结束，我母亲最想忘记的就是战争本身。战争使她失去了一个哥哥，而后是她的未婚夫，更不要说每天夜里空袭带来的阵阵恐惧，她真的想要忘记这一切。

她迫不及待地盼望着20世纪50年代及其所有与之相关的新鲜事物快快到来。紧身衣、口红、锥形胸罩、珠宝、短吻鳄鱼皮包，还有临行前需仔细打理的丝袜——这些作为女人要承受的烦琐，其准备工作、其痛苦的打基础阶段、其巧妙维系的虚幻假象等，都恰是她所渴求的。她想站在我那身穿晚礼服的父亲身边，手里拿着一个镶着闪光饰片的小手提包。

小时候，我隐隐觉得，作为女人就要梳妆打扮，我知道这些是服装，的确几件衣服一搭配就是一套“服装”。连衣裙就是一件罩袍或长袍。套装就是全套服装。你并不是为了舒服才穿衣服，而是为了提升女人味。她那带有三面镜的豌豆形梳妆台前面是抽屉，里面塞满了尼龙袜，中间一层装有露华浓（Revlon）蓝色眼影调色板、金色管装的蜜丝佛陀口红，还有一小瓶伊丽莎白·雅顿青青芳草香水(Elizabeth Arden Blue Grass)，我看着母亲慢慢变成一位公众人物，而不只是一位足不出户的女人。她让我明白一个人的内在身份不是固定不变的。除了母亲的角色，她也可以是一位重要人物，或者更令人忧心地，成为某个人物。换句话说，我母亲的生活和身份从不受我的约束，对她的这种状态，我并不确定自己的感受，有些愤懑，有些忧虑。

后来，高级时装定制渐渐淡出历史舞台，取而代之的是时装精品店，以及玛莉官品牌，在这个时尚重大转折期，我出落成一位十几岁的青春少女。当时的玛莉官跟我一样大，当她意识到自己被服装束缚着、囚禁着，几近窒息，就忍不住哭泣。当我到了该穿少女紧身衣的时候，紧身衣已不复存在；为我量身定做的衣服始终紧贴着我的身体，那些束腰迷你裙，还有那笨重的圆头鞋。

有一张拍摄于20世纪20年代的照片，给人印象极为深刻，一位中年贵妇身穿一件珍妮·朗万（Jeanne Lanvin）针织短裙，由于经常坐着，裙子中间的部分（她之前坐着的部位）皱巴巴的。对于那些1947年20岁的女人来说，等到1967年她们40岁的时候，发现自己臀部、腰身、乳房都很突出，该会是多么恐怖啊。她们不得不忍受女性身体的男性化，而对于我来说，13岁刚刚好。

对于一位少女来说，人生的黄金时刻就是学会为自己挑选服装的时候。当然，还有其他一些关键时期，如初潮、初吻、失贞、学会避孕、通过考试、离家、找到工作……是的，这些都是有纪念意义的阶段，但是仅是阶段、里程碑、标志而已。

当你开始打扮自己的时候，你就已经踏上了通向未来的路，每天都在精心地塑造自我，决定日常着装。当然，你在某个特定的时刻走进时装流行周期，而这个时刻将决定你的未来。刚开始的时候，我穿的是迷你裙、三角裙以及美国棕褐色紧身裤。我觉得“新风貌”实际上与其名字完全相反，它陈旧、过时，用我母亲惊人的话来说，就是“antwak”（意为古老过时）。正如维多利亚和阿尔伯特博物馆的紧身衣微电影中展示的那样，这些衣服太难穿了，紧身衣就是女权主义运动兴起之前的遗留物，专供那些老妇人们穿着，巴多式（Bardot）观察到服装店本身亦是如此。但是，实际上，“新风貌”简直是一塌糊涂。年老的人穿得太过年轻。因为对于 16 岁的你来说，再糟糕不过的就是穿得跟你母亲一模一样。

时尚瞬息万变，总是在强大的潮流面前折服。库雷热（Courreges）仰望天空，想象着人们穿着航天服的样子，让我们穿上了娇小的白色月球靴，几年之后，我们又是另一个极端，身穿和电影《雌雄大盗》（*Bonnie and Clyde*）中一样的长裙，戴着碧玛（Biba）牌长围巾。受电影《汤姆·琼斯》（*Tom Jones*）的影响，我把头发低低地拢到后面，扎上一个天鹅绒蝴蝶结。因为披头士乐队和玛哈瑞诗·玛哈士大师（The Maharajah Mahesh Yogi），我用扎染的印度床品改做了一条裙子，用味道怪怪的印度广藿香涂抹了全身。十年后，由于受到朋克摇滚乐的影响，我买了一件全是拉链的皮夹克。

着装方面既要随大流，又要不断尝试新品。过时让人很烦恼。一个新款一出现，你就要穿上它，因为如时尚本身一样，你也处于不断的变化之中。时尚就是一种一致性、一种准则，给你大量的安全感，使你得以融入自己所选择的群体当中，这样你就能够抑制自己的不安全感。但是每次你改变着装，就会发现另一个全新的自我。

古希腊斯多葛派哲学家伊壁鸠鲁（Epictetus，55—135 年）曾建议道：“首先，知道你是谁；然后，依此来装扮自己。”但是，正如我们所看到的，是衣服让我们认清了本我。比如说，穿上一件花呢短裙，戴上珍珠饰品，照照镜子，我几乎立即发现，那不是我，这也不是我（现在依然不是）。

但是，看到一位从伦敦自由百货商店（Liberty）回来的朋友，身穿我从未见过的玛莉官不透明紫色紧身衣[我只在英国作家劳伦斯（DH Lawrence）的小说《恋爱中的女人》（*Women in Love*）中读到过，书中的“坏”妹妹古迪兰（Gudrun）穿着彩色丝袜]，我就有种感觉，紫色紧身衣可能对我的口味。当我费了九牛二虎之力，终于从伦敦买回来一套属于自己的紧身衣的时候，整个20世纪70年代，我就这样一直穿着它们，还不断地换着其他的颜色。彩色紧身衣塑造了我，绝对不是因为我想秀自己的美腿，而是因为它们使我从那些穿着肉色或米黄色紧身衣的毫无特色的人中脱颖而出。彩色紧身衣有着波希米亚元素，我还为之搭配了当时视为二手货，现在被称为古董装的服饰。

这些20世纪30年代的午茶袍、斜裁连衣裙，还有“新风貌”出现之际惨遭我们前辈遗弃的方肩瘦臀短装，那时想要得到它们变得越来越难了。

在利物浦有一个叫帕迪市场（Paddy’s Market）的地方，专门出售旧衣服，如果你足够幸运的话，可以淘到死去的老贵妇曾穿过的衣服，但你往往不会那么幸运，通常都只是些旧衣服。所以我会乘坐火车前往伦敦，到波多贝罗大街（Portobello Road）的周末集市，或者肯辛顿古玩市场（Kensington Antique Market）的小商店，在那里你依然可以花很少的钱买到广东绉纱晚礼服。彩色紧身衣、古董裙、红褐色头发——这就是我的风格。这种风格是我整个少年时代各种尝试的结晶，终于塑造了我心仪的自我。这并非特立独行，大学期间，我的很多朋友也是这样打扮的，有的穿了紧身衣，有的没有穿（紧身衣或许就是我的专属）。这是那些受过大学教育且热衷时尚的女孩儿们的风格，她们并没有多少钱，而且极其厌恶20世纪70年代的潮流，什么吊带衫啊、大领子啊、棕色啊、橘色啊……通通入不了她们的法眼。

20世纪70年代中期，我离开了英国，定居加拿大，在那儿，我的穿衣风格史无前例。我格外引人注目。有人问我，牛仔裤、简单的T恤衫有什么不好？我没有牛仔裤，也没有T恤。我就像一个没有历史、没有过去的人。他们认为我是个英国怪人，有点儿精神失常，但我只是一位二十出头的少女，过去的5年里还在英国求学，好不容易用手头有限的资源实现了完美的蜕变。

*

中世纪小说家艾维·康普顿-伯内特[1]（Ivy Compton-Burnett）的那句“现象并不被看作是通向真理的线索，但我们似乎没有任何别的线索”实在是无可辩驳。

---

1. 艾维·康普顿-伯内特，英国女作家。采取对话的小说体裁，解剖爱德华时代中产阶层家庭成员之间的关系。其技巧特点是对话占极大篇幅，几乎一切都通过人物对话表现。（译者注）

警察、消防员、法官、大使、独裁者、主教、海军上将都有能显示自己工作和地位的服饰。把律师的马尾假发拿掉，你所看到的就只是一个张着嘴的光头男人。把萨达姆·侯赛因（Saddam Hussein）的军装脱下，剩下的也就是一个留着胡子处境困顿的老男人。

制服可以很容易地向他人宣布我们的身份，也可以不费吹灰之力掩盖我们的真实身份，在麦当劳工作的人就是表明身份的。1934年，大不列颠法西斯联盟（The British Union of Fascists）在报纸上刊登广告，说只要穿上英国本地纳粹党人的黑衫，就能让内在自我得以改变：

如果你想加入纳粹党，我们就向你保证：只要你穿上黑衫，你就成为一名法西斯主义战士，维护政治和精神的秩序。你将重获新生。黑衫就象征着我们这片热土上一个全新的信仰。

所有的暴徒在其制服中都找到了内在的勇气，他们知道穿上制服，就能得到别人的尊重，更会让人心生畏惧。

我不断地通过服装塑造着自我，渴望表达我自己，渐渐地，我意识到，或者说回想起少年时候我就知道的，身份可以是固定不变的，也可以是短暂的，仅仅维系一天或者被你放在衣柜里，以便随时在各种各样的场合展示自我。或是如我祖父母的直觉，它们呈现的可能只是虚假信息。

当我拉开轧紧的柜门，打开我那狭小的衣柜的时候，看到了防虫透明塑料袋里装着的开司米羊毛衫，原装棉布袋里的手提包、折叠整齐的牛仔裤、一排排缤纷的色彩（黑色、紫色、绿色、棕色、海军蓝、白色），还有大衣、礼服、夹克、上衣，我看到的是一个凝固的镜像，定格在 2008 年春天。这就是我的尺寸，就是我所拥有的一切。

里面有一些比较怀旧的衣服，我虽然不穿了，却舍不得扔，也有些不合身的，不适合我穿的，有的买回来就是个错误，有的打算穿却没穿，还有几件不错的服饰，如这件凡妮莎·布鲁诺（Vanessa Bruno）连衣裙和那个安雅·希德玛芝（Anya Hindmarch）奶油色手提包。

哪天我想把自己打扮成什么风格，就会从衣柜里精心挑选出相应的服装和饰品。

但是衣柜里也有幽灵、遗憾、空缺和记忆。我所拥有的这些衣服是我亲密的朋友，对我的生活有着重要的意义。当我穿上它们的时候，就变成了另外一个人。

我们得知自己的身份之后，就通过衣服中蕴涵的一系列确定的信息将其表达出来，这一说法就是要把复杂的过程简单化。这不仅仅是我们的身份改变了（当我们开始工作，有了孩子，孩子离开家的时候），光阴荏苒，时尚变迁，我们自身也随之改变了。我们 25 岁时穿的衣服，50 岁时就不能穿了，有种种原因：因为那样穿会使我们看起来很傻，或者是因为我们的身体发生了变化，穿不上这些衣服了。

对于一个女人来说，最严峻的挑战就是看她老了如何穿衣打扮。这里我所说的老是指 80 岁。当老太太不再有什么社会价值的时候，一切很可能会趋于老套，这个时候靠服装来对抗那些刻板印象，其本身，就是一种革命。

下面我将谈到那一点。

*

我常常遇到一些似乎并不在乎穿着的人，除了能遮羞蔽体外，他们不想为了衣着花太多心思。

我见过品格高尚的清教徒们，他们衣衫褴褛，穿着不合身的牛仔裤、康瓦尔郡（Cornish）菜肉烘饼似的鞋子，他们站在街头巷尾，用那铁打的精神和坚定的政治信仰威吓你。一切不为社会进步这一崇高事业而服务的文明都是虚假的意识，都是在企图迷惑大众。

或者还有一些人，整天待在图书馆，坚信在乎外表就是与高尚的情怀背道而驰。大脑存在于人的身体里就是为了保护其他组织。谁在乎外貌，谁就是笨蛋。

数不尽的感想和格言都诠释了这一观点："一般来说，诗人、艺术家和天才很少是纨绔子弟，相反他们往往不修边幅，因为他们发现超越于自身之外，还有一些东西更值得研究。"[威廉·哈兹里特（William Hazlitt）]"在我看来，穿着打扮上的任何矫揉造作都意味着其悟性上的瑕疵。"[菲利普·道摩·斯坦霍普，切斯特菲尔德第四任伯爵 Philip Dormer Stanhope，Fourth Earl of Chesterfield）]

很抱歉，我要从那个从不屑于描述伊丽莎白·贝内特（Elizabeth Bennett）姐妹参加舞会时穿着的小说家谈起了："衣着始终就是一种无聊的区分标准，对其太过在乎往往会适得其反。"（简·奥斯汀）

我有点儿同情上两个世纪那些经历了时装被取缔的女性，这不仅限制了她们的自由，还遏制了其性欲。厌女症的核心莫过于这样的范例：男人欣赏不了女性的外貌、形体美以及服装衬托下的魅力，反而把女人对美的追求看成是她们轻浮的具体表现。我感觉在前面某一章提到过这一点，不过这有必要重申一下。

为了摆脱这种进退两难的处境，在我看来，女权运动是最为成功的，女权运动是 19—20 世纪一场必要和持久的革命，这难免要触及女人过分专注于穿衣打扮的问题。美国妇女参政倡导者、废奴主义者萨拉·穆尔·格雷姆克（Sarah Moore Grimké）表达了提高妇女地位过程中遇到的困难：

> 女人追求和男人平等的人权、道德尊严以及聪明才智的过程中，主要障碍之一就是对服装的痴迷。

一个世纪之后，美国女权主义者和小说家，艾瑞卡·琼（Erica Jong）总结了女性感受的削弱：

> 那难道不是问题之所在吗？数百年里，女人们都被欺骗了，她们以为装饰就能换来真爱，时尚（似乎）就能取代激情？

19 世纪爆发了理性穿着运动（Rational Dress），阿梅利亚·布卢姆（Amelia Bloomer）带领着人们穿起了怪异的灯笼裤，与那些整日甘愿在刑具般的服装、鞋子和内衣中备受折磨的妇女们针锋相对。维多利亚女王时代的内衣让我惊骇不已。很显然，上流社会的女性不能在奢华的晚宴就餐，因为她们的内脏被蕾丝紧紧勒住，吞咽食物都会疼痛难忍。她们只得在卧室里偷偷地吃饭。

疯女人的想法就是有点匪夷所思，盛怒之下，我想了很多，如一个女人穿着裤子，双腿跨过马鞍，骑在马上，而不是胆战心惊地侧坐马上，危险地垂着双脚。那些身上穿着盔甲般的内衣、被蕾丝边裹得死死的女人，几乎丧失了人权，唯有悍妇恶婆方能摆脱这些束缚。我们更加大胆地往前迈进，穿得几乎跟男人一样，穿着裤子衬衫，配着领带眼镜。

（我不禁注意到，女性基本上都能成功穿上男装，即与牛仔衬衫类似或差别很大的服装，唯一的区别只是要量体剪裁，而男人却很少能穿女人的衣服，除非他是异装癖者。我不知道这是为什么。为什么大多数异性恋的小伙子穿上女式丝绸内裤直打战？难道是因为女人的衣服做得太不合理？你很少见到变性人穿一件裁缝定做的阿玛尼裤子和配套夹克衫。）

不过，虽然我很钦佩那些带领我们摆脱紧身衣束缚的女权主义者，而且 20 世纪 70 年代的一两年时间里，我自己也买了一条粗布工作服（那时很流行，你想从我这里得到什么？），但是说女权主义者对衣服不感兴趣的恶意偏见，纯属出于无知和恶意的都市流言。

女权主义者，非常恰当地解决了等式的一边：如果说女人们是只关心自己外表的傻瓜，那么她们通过穿着更加时尚的服装来回击了这个质疑。对此的回应是，不注重着装的女人是丑陋的。

有没有可能攻克这个难题呢？你可以坚持说人是能够才貌双全的。不过，当然了，要想打扮好是需要费一番功夫的，但就很多男性观察看来，在打扮上大费周折正是女性能力不足的有力证据。

解决这方面的厌女症的方法就是让男人自己开始对服饰感兴趣，看看打扮到底要花多大功夫，所幸的是，消费资本主义的成功之处就在于年轻一代的男性朋友们恰恰正是那样做的。

*

我住在伦敦，这里即使称不上世界上最时髦的城市，也算是你所能发现的穿衣打扮最有情调的地方了。想要追寻最纯粹的时尚之乐，你就去意大利吧，那里男人女人出门之前都要在镜子前磨蹭半天，很显然，他们出众的外表背后就是每天花上数小时不停地熨衣服。那里的自动取款机一大弊端就是它们能兑现你的旅行支票，你根本没机会去意大利的银行，看那些西装革履的英俊男人。

然而，伦敦以其浓郁的都市生活气息弥补了英国人不够迷人的外在形象，生活在这样的都市，你可以在大街上购物，无须去商场。在这里，你不用驱车前往目的地，你可以乘坐公共交通车到处游览，也可以走在真正的街道上尽情漫步，你始终都是万众瞩目的焦点。

乘坐伦敦地铁，给我印象最深的就是“乡下老鼠”，就是那些来此观光的游客，他们不知道该穿什么，总是看场合穿衣服，他们就好像在奔宁山脉[1]（the Pennines）徒步旅行，抑或是在大峡谷勘探侦察。那些来自加纳、迪拜、孟买的常住居民，就知道怎么穿衣打扮。他们明白城市盛装的重要性，也深知如何在伦敦这样的大都市生活。一旦季节更替，你就要对接下来的头等大事心中有数。人人都知道该如何成功地塑造自己，每个人都在努力尝试。除了那些出众的人，他们不这样，他们对此一无所知。试想，他们来到伦敦，穿得就好像是在家里闲逛，但是，在城市里那么做，是万万行不通的。

我知道，这个世界上到处都是穿衣不得体而不自知的人，还有一些实干家，他们推动了社会的进步，把精力投入到了更为重要的事业当中，而不是去关心牛仔裤是不是合身。即使穿得一塌糊涂，也能创立微软（Microsoft）和英特尔（Intel），也能创造出《辛普森一家》（*the Simpsons*）动画片系列。更不用说民主运动了。

不过，我会本能地畏避这些人。我能感知自己被上下打量，他们眼神中流露出一种"她以为自己是谁呀"的轻蔑，这要归因于他们的干脆利落、直截了当，言谈举止间的毫不客气。在美国的大部分地区，穿衣打扮就是人们旧时的奚落语"她以为自己是谁呀？"这也是时装领域的同义语。

衣着毫不得体还引以为豪，不在乎外在形象，穿什么就是图个"舒服"——这些都是对文明的挑衅，无非是矫揉造作。正如缪西娅·普

1. 奔宁山脉是英格兰北部主要山脉，有"英格兰的脊梁"之称。北起南泰恩河谷地，南至特伦特河谷地，全长 241 千米，平均宽度约为 48 千米。（译者注）

拉达（Miuccia Prada）所说："一听到有人说自己不在乎穿着，我就不耐烦。他们还是每天早上照常穿衣打扮，再说了，就算他们抵制时尚，还不照样需要穿衣秀出时尚吗？"

*

有人对我说他们不太会购物。我也有很多不喜欢、不擅长的事情啊，比如说我不会组装平板家具，正如杰克·梅森（Jackie Mason）曾一针见血地指出的那样，这就好比让像我这样的人拿着黄油刀组装家具一样，一旦组装好，你会发现螺槽里仍有面包屑。不擅长购物，一进店就紧张，面对那么多的选择不知所措……在我看来，这些都是很常见的现象，就像恐飞症，和他们一样，这些都会限制生活中的可能性。不过，互联网始终是存在的。

还有些人（或许是大多数人）对如何穿着抱有一种实用主义原则，在他们看来，穿衣要遵循一定的社会规则，那样他们就有精力去考虑别的事情了。他们根本没有一点儿穿衣的哲学。参加婚礼，他们就穿西装。烤肉野餐的时候，就穿牛仔裤。在海边，就穿短裤。一般来说，他们赶时髦只是因为商店里卖的就是这些东西。20 世纪 70 年代，男人的牛仔裤都是喇叭口，30 年后，风格就变了。你要么格外爱惜自己已有的衣服，这样就无须花钱再买新的了，要么去找那些早已彻底过时的衣服，无论哪一种情况都没有跟随潮流来得容易。

那些对时装没有特殊爱好的人，会无意或被动地追随潮流。他们似乎从来不更新自己的衣柜，几十年来穿衣打扮也没有什么变化，也许有些变化，但几乎用肉眼观察不出来，因为这种变化犹如冰川消融似的缓慢。我们无法注视着一个人慢慢变老，然而，20 年后，回眸间你就会看出差别。那些跟随着时光的脚步而拍摄的照片，会显示出时尚微妙的变化。

其他人（在这里，我所谈到的主要是女人）为自己的形体感到自卑，她们买衣服纯粹是想把自己遮严实。她们选的衣服，不是黑色，就是米黄色（没有任何色彩），要么就是运动装，嘴里还轻声说着“请不要看我”或是“内在气质才重要”。

此外，当然还有一些人，看起来似乎不怎么在乎自己的穿着，品位很差劲，即便懂得一些比例、尺寸和色彩，她们还是不知道如何搭配衣服。实际上，她们是在乎自己的穿着的，只是不清楚自己在做什么罢了。正如安迪·沃霍尔（Andy Warhol）所观察的那样：“当我看到有人穿着完全不合适的衣服的时候，我就在想她们买这些衣服的时候，心中应该是想：‘太棒了。我喜欢。我要买。’”

我从未见过任何人因买不起好看的衣服而穿得一塌糊涂。

穿着不得体的衣服去反抗压迫，或者政治上作秀，与你不在乎自己的外在形象毫不相干。那些人就是不断地在装腔作势，他们就是靠自己的穿着来夸夸其谈。

在伦敦的这几年，听到有些女人在街上讲大话，我已经见怪不怪了，我很纳闷她们的穿着，根本不是我理解意义上的衣服，而是面纱之类的服装，不仅把整个身体遮得严严实实，还遮住了大部分脸。

在英国和法国，无论是面纱、头巾还是围巾，都要受到法律和政治干预，或许有史以来，这是国家第一次因为女人捂得太严实了而采取的干预手段。

伊斯兰服装让人好奇的是，其传达的信息往往与其掩盖下的真实情况完全矛盾。如果你看到一个女人被遮得严严实实，你会猜测她把衣服当成了魔鬼的作品。这就大错特错了，1996 年我在伊朗参加了一个婚礼，我看到那些女性客人在没有丈夫和其他男客的情况下，脱掉黑色罩袍，露出了闪闪发光的青绿色和粉红色服饰。丝毫不受吉尔·桑达（Jil Sander）或其他极简抽象派艺术家的影响。

在塞尔弗里奇百货公司，我曾看到过一大批戴着黑色面纱的女人，挎着香奈儿包包，拿着古琦酒会礼服和巴黎世家女式衬衫，走进了试衣间。我装着若无其事的样子，跟着她们进去，假装去试穿别的衣服，其实我是想看看她们脱掉那掩盖一切的中世纪黑色罩袍后到底是什么样。然而当我看到镜子前站着一位摩登女郎的时候，大吃一惊，她看上去好像是在萨伏伊酒店（Savoy）畅饮鸡尾酒。

*

我所遇到的人中，只有那些心灰意冷，失去心爱之人或因突然降临的悲痛而伤心欲绝的人才真正丝毫不在乎自己的外在形象，他们像幽灵一样游走在屋内，身体麻木，感觉不到自己的存在，他们被这种悲痛吞没了，全身的感觉接受系统完全失灵。我记得有个女人，她饱受丧子之痛，由于几个星期没有好好吃饭、好好睡觉，她的夹克衫松松垮垮地挂在肩上。她去取面前带壳的食物，当时她都没有注意到，结果不小心把翻领给弄脏了。

洗洗你的衣服，仔细地挑选，这是我们在社会中重新站起来的第一步，或许丧服（有的文化中是黑色，有的则是白色）就是为了帮助我们，让我们不必再为穿什么而发愁。

然而，回到现实生活中，当我们再次凝视镜子，无须思考，就会明白，穿得好看，或者最起码来说，穿得得体，就是在向这个世界证明自己，而整个世界都会通过我们的外在形象对我们做出判断。你觉得你无法继续下去，你发现自己已别无选择。但是，你得活着。在乎自己的穿着，其本身就意味着小小的存在感，而并非毫无意义。

镜子不一定是对自己的真实反映。

——让・科克托[1]

(Jean Cocteau)

1. 让・科克托，幻觉派艺术家。1889 年 7 月 5 日生于法国，1963 年 10 月 11 日逝世于法国。法国诗人、小说家、戏剧家、画家、设计师、法兰西学院文学院士、电影导演。他多才多艺，几乎涉及了那个时代所有的现代艺术，惊人的创作能力令他获得了世界性的声誉。（译者注）

10

看不见的斗篷

The cloak of invisibility

女人到了一定年纪，就几乎是隐形的了。没有了性刺激，很多男人无法调动大脑中控制视觉和概念的部分，无法感知到女人的存在。

……穿得年轻，有时候反而会让你看上去更老，更荒谬可笑。

……我不管你多么苗条，身体保养得有多好：只要是你的年龄和衣着不搭，你看起来就很傻。

在时尚界，变老不是一件好事。很多人看起来有点儿可怜，有点儿像阁楼上的老女人。她们总是在追逐时尚，是因为她们受不了不能拥有最新款的时装。

魅力总是与各种人为产物密切相关，如高光泽的丝袜、化妆品、像紧身胸衣一样看不见的内衣以及玛丽莲·梦露（Marilyn Monroe）和伊丽莎白·泰勒（Elizabeth Taylor）那吸引人的美人痣。

一位女士站在酒店接待处，接待人员正在帮她办理入住手续。这时，一位男士走过来说他要退房。接待员说，请稍等一下，等我帮这位女士办理好入住手续后，就为您服务。这位男士转身朝着她所指的大致方向走去，他注意到了一把椅子、一棵植物、一幅画、一扇通向商业中心的门，还有一个门童装行李用的手推车，可就是分辨不出一个人形来。

“先生，我这边好了。”她满怀善意地说道。听到这个声音，他吓了一跳，他努力把眼神聚焦到接待处那模糊的身影上。那大概是一种类型的人，一种来自另一个世界的访客，那个世界里到处都是50岁以上的看不见的女人。

我看着这位男士在房间里扫视了一圈，发现除了那边一位双腿交叉的女孩儿，房间里空无一人。女人到了一定年纪，就几乎是隐形的了。没有了性刺激，很多男人无法调动大脑中控制视觉概念的部分，无法感知到女人的存在。

因此，到了这个年龄后，如果我们还想在这个世界上有一席之位，如果我们不想成为人生盛宴中的饿鬼，我们就要比20岁或者参加婚礼时更加了解如何穿衣打扮。

*

我母亲所处的那个年代，女性到了一定年龄，能做什么，不能做什么，都要受到严格的限制。只有到了18岁，她才能把头发挽起来。30岁以后,她又不能留长发了。女士要戴手套。她总是穿着长袜。不化妆，她就不出门。到了50岁，如果她有钱了，就可以享有貂皮大衣和钻石，以弥补自己流逝的青春以及随之而去的女性特权。

我的衣柜里，有一件母亲的黑色波斯阔尾羔羊皮大衣，其白色水貂皮领可拆卸，口袋衬里是天鹅绒的，丝绸衬里上绣着我母亲姓名的首字母，还零星地点缀着玫瑰蓓蕾，以献给她的名字——罗斯（Rose）。这件衣服是1959年从伦敦东区一位皮衣商那里买来的，毛皮是未出生的羔羊的皮，而且是只母羊。我从来没有穿过它，因为我有一件在今天等同于它的价值的尼科尔·法伊（Nicole Farhi）羊毛外套。不过，无论是继承我母亲的遗产，还是考虑到我的年龄，我觉得我都有权享用它。我已经足够大了，能穿它了。

现在，在保险条款中，这件衣服很值钱，或许现如今买一件同样质量的衣服需要10000英镑，但是，一件类似的外套放在易趣网上,标价39.99英镑,都无人问津。这是因为现在毛皮已经不再流行，而且我们现在也不会再用毛皮制品来犒劳中年妇女了。此外，我不认为1959年我那41岁的母亲穿着她那件波斯阔尾羔羊皮大衣，站在接待处,却被人无视。她那一代人,至少那些喜欢衣服和时尚的人，会谴责任何形式的邋遢。她们创造了端庄高雅的时尚。你根本不会看到我的父母在一年一度的伦敦之旅中，穿着防风衣、短裤和贴着维克劳（Velco）弹力调节带的大鞋子，还打着小背包，就像一伙成熟的人类学家在野外进行实地考察。

女人到了 50 岁，其基本状况就是该完全放弃那该死的生意，最终转而关注那种能让她们和玻璃板一样通透的颜色：在我看来，米黄色只适合拥有非常光滑黑亮的头发和橄榄色或微黑皮肤的意大利女性，而那些褪色的英国玫瑰肤色，加上剪得极短的杂灰色头发、短短的刘海还有耳朵上的两个小点，配起米黄色来，简直是惨不忍睹。

我从不认为这种现象还会出现在我们这一代身上，正如我曾经说过的那样，20 世纪 60 年代，我们就相信，就我们父母而言，中年就是选择生活方式的时期，而我们则是第一代生来年轻，并能永葆青春的人。其他一些忠于自己那一代的人，则有着不同的反应：她们自豪地对所有人坦言自己仍能穿上 25 年前的衣服，而且还总和女儿换穿牛仔裤和上衣呢，简直是公然挑衅人会衰老这一事实。

如果你在 1970 年问我中年是从什么时候开始的，我会说 35 岁，这基本还是很准确的。然而，已经 65 岁的米克 · 贾格尔（Mick Jagger）还没有丝毫步入中年的迹象。我想，这是因为和其他一切一样，中年只是我们的一种心态，有些人进入幼儿园的第一天就已经达到了那种状态，他们那小脸蛋上散发着智慧的光芒，因而立即被任命为班长，这样到了 30 岁时就已经透支，进入中年了。

尽管如此，我还是要承认我已步入中年。我只是希望它有别的什么叫法。有这种想法是考虑到我们能穿什么和不能穿什么。这与要得到他人的认同或者是我们要遵循什么规则没有关系，相反，如果你很在意自己的穿着，并想穿着某几件衣服，展现你最好的一面，而这几件衣服别人穿起来不好看，你已经承认你进入了中年。正是缺少这样的规则，我们才不得不面对现如今这么多的不确定性，而这些不确定性对于我母亲来说是不存在的，因为她很清楚什么能穿，什么不能穿，20 世纪 60 年代早期，她就已经发现了酷似香奈儿套装的小巧优雅的无领毛绒衫，而且自那以后，就一直穿着。

她一生中，从没有过一条牛仔裤。她打扫房间的时候，会身穿长裤、带有弹性腰围的涤纶衣服。回到家，她立即把自己最好的衣服拿到楼上用衣架重新挂起来，套上衣罩。她买这些衣服就是为了要长久穿，它们也的确很耐穿。20 世纪 90 年代初，我说服她买了一条紧身裤。回过头来，我再也不觉得这是一个好主意了。她看起来不再像她自己，或许这是她老年痴呆的第一个视觉线索，她完全丧失了本该有的自我。

因此，像站在一堆衣服前犹豫不决这类棘手的问题，我母亲从来无须费神。都 50 岁了，你还能穿机车皮夹克吗？那个印花裙怎么样？那条牛仔裤呢？乳沟暴露多少是被允许的？盖着胳膊怎么样？要不要蓬松的袖子？（不要，琼·博斯坦告诉我不要蓬松的袖子。）

有一首苍白的诗，更年期的女人似乎会喜欢，或者说她们年轻点儿的朋友认为她们会喜欢。“当我变成了老女人，我会穿紫色的衣服，戴一顶不怎么般配也不太适合我的红帽子。”既然它不适合你，为什么戴呢？当我老的时候，我可不想成为一个唠唠叨叨的疯狂的老女人，身上穿着完全不搭的衣服，脚穿一双用绒毡做的拖鞋，走在大街上，还喃喃自语。我想像琼·博斯坦那样穿着一件玛尼礼服，戴着一条朋友从印度买回来的华美的项链，手里拿着一个奶油色蟒蛇纹的芬迪包包。或者像凯瑟琳·希尔一样穿着克里斯汀·拉克鲁瓦时装。或者像两个备受尊敬的时尚女郎，穿着黑色小套装和漆皮高跟鞋，在曼哈顿的卡莱尔（Carlyle）大厅摇摇晃晃地走着，她们挽着胳膊，生怕崴脚。或是像2002年我在巴黎时装表演中看见的一位老妇人，她戴着侧板般大小的铜质耳环，由一个年轻男孩陪同着，从头到脚都是一种煎熬。

女性有在任何年龄想穿什么就穿什么（女权主义者不要任何人对其指手画脚）的权利，还具备穿衣常识、风格和品位的优点，两者之间有一条狭窄崎岖的道路，而这条路正是女性应当尝试的。对于凯瑟琳·希尔来说，早上11点坐在星巴克，上身穿带貂皮领的约翰·加利亚诺牛仔夹克，下身穿牛仔裤，挂着说唱歌手那样的长链，这并没有违反什么老来俏的着装规范，而是深谙如何开拓时尚极限之道，包括加入一些粗俗的元素，就好像是在寡淡无味的菜肴里加入少许必不可少的辣椒酱。在正式的时装设计提案中，适当的粗俗是可以加入的。

*

但是对于我们这些没有时尚造型专业背景的人来说，想要了解50岁以后如何着装是一件很困难的事。好多年以来，我一直在寻找一件皮夹克，既不是一件外套也不是一件运动上衣，就是一件刚好到大腿顶部的夹克。为了买到它，可把我折磨得不轻，我甚至去过世界上很多皮革服装卖场，包括巴黎的老佛爷百货公司（Galleries Lafayette），在那里我见到了各式各样的皮夹克，就是没有我想要的那种长度的。

对于中年女性来说，皮夹克意味着点儿什么，在我看来，皮夹克既耐穿又时尚。再次说一下，有人会觉得中年女性有了自己选择皮衣的权利，就仿佛是有了选择第二层肌肤的权利。或许这让她觉得这就是她的第二层肌肤似的，我所知道的是，我喜欢别人穿着皮夹克的样子，因此我也希望有一件。要是能配上牛仔裤、靴子、羊绒衫和一个名贵的正品包包，就更完美了。

2007年秋天，我终于找到了我想要的皮夹克，而它刚好是从玛莎百货（Marks and Spencer）买来的。穿上机车夹克，就是一种全新的时尚，它能显出腰身，这正是我喜欢的。多么值得庆幸啊！

备受尊崇的时尚作家莎拉·摩尔（Sarah Mower）曾详细列出了中老年妇女最好不要穿的服装，其中就有机车夹克：

> 任何年过四十的人都需要一个“着装监督人”（避免着装不得体，过于装嫩）。我加入了一个电话咖啡茶话会，其间没有丝毫虚情假意的

恭维话。毋庸置疑，黑色机车皮夹克是今年冬天最火爆的服装。像我们这个年纪的人，应该时刻保持警觉，不能被这样的流行时装诱惑，打扮成苏西·奎特萝（Suzy Quatro）那样的着装败笔。事实上，这种摇滚小妞的装束是二十来岁的年轻女子的特权。也就是说，只有像艾米·怀恩豪斯（Amy Winehouse）那样的人才可以这么打扮。即使是凯特·莫斯（Kate Moss），快35岁了，穿上这样的衣服，也会带有装嫩的痕迹。

读到这，我心碎了。如果我在买这件夹克之前读到这段文字，再怎么痛苦，我也不会买了。但是现在我已经买了这件衣服，却不能穿，我到底能穿吗？我不再确定。

在我的博客中，一个读者愤怒地回复我，针锋相对：

这只不过是女性忍受摆布、被制止甚至相互排斥的一个实例罢了。我们的整个时尚业都是建立在罪恶、羞耻和邪恶的基础上的。买那件皮夹克吧！顺便再买条鞭子，所以谁敢再假惺惺地说半个“不”字，说你不该（无权）这么穿，就使劲抽他吧！

面对这个猛烈的攻击，几周后，莎拉·摩尔在发表物中作出了回应：

如果你假装自己年轻10~20岁。太过火的话，人们看到你，当面不会说什么，只是在背后嘲笑你一番。因此，我那段话，想要说的就是：穿得年轻，有时候反而会让你看上去更老，更荒谬可笑，所以，千万不要无意间身陷尴尬。2007年的确不是好时机。尽管我不乐意制订什么规矩，但是我见有些人穿着裙摆在膝盖以上的少女似的短裙，还是觉得

> 不该那么穿——更滑稽可笑的是，她们居然还跟风，穿了一双 6 英寸高的坡跟鞋。我不管你多么苗条，身体保养得有多好，只要是你的年龄和衣着不搭，你看起来就很傻。

当然，她说得很对。衰老最让人沮丧的原因之一，就在于脸和身体的年龄存在着惊人的差距。这让我想起了那些使用了激素替代疗法（HRT）的女人，她们重新焕发了活力，在宴会上，她们抓住机会，对于一切有可能的男人，不分年龄，她们都百般调情，尽显妩媚，自以为她们表现给别人的即为内心所想的。通常情况下，她们都是穿着低胸装，露出了那有皱纹的棕色巨乳。

那你到底穿什么呢？当我看到那些罕见的杂志专题，教所有年龄段的人保持最好状态的时候，针对我这个年龄段，我所能看到的就是一些所谓的经典时尚，真是让人失望透顶：经典的裤子、风衣、直筒连衣裙、女衫裤套装、白衬衫、低跟菲拉格慕鞋还有经典的香奈儿 2.55 手提包。

在经典电影频道 TCM 上播放的电影中，我从没看到任何一个人这样穿的。我看见贝蒂·戴维斯（Bette Davies）涂着血红大口，咧着嘴在那里大喊大叫。

那样的衣服，我一件都不要穿，原因很简单，穿上它们，我简直糟糕透顶。也许是因为我衬不起这样的衣服吧，我穿上这样的衣服就像孩子们手中的纸娃娃，衣服是他们用小纸片剪好套在我身上的，我看起来完全不像我自己。这种经典款式在碧安卡·贾格尔

（Bianca Jagger）和凯瑟琳·德纳芙（Catherine Deneuve）身上，看起来好极了，倒不是因为她们五六十岁了，而是因为这种风格恰好适合她们。另外，她们本来就天生丽质，可以穿件宽松女袍（系一条巧克力色的麂皮腰带，加上一双高跟鞋和一条金项链），看起来就好像在为伊夫·圣罗兰走秀。

穿上这些经典的服装，反而让别人对我视而不见。一旦穿上这样的衣服，我的内在自我和外在自我立即就混乱了，再说了，我也不是那种谦逊的人。有时候，有些人不想被人注意，他们自会有相应的着装方式。伟大的旅行作家诺曼·刘易斯（Norman Lewis）的西装是从萨维尔街[1]（Savile Row）买来的，然而旅行启程时，他总是穿着一条极普通的裤子和免熨的衬衫，并不是为了省干洗费，而是他不想被人注意，这样，旅程中他就可以专心观察了。当出现棘手的情况时，他总是能让军阀、民兵以及同行的暴徒误认为他只是一个步履蹒跚的无害的老人。这种技巧使他得以带回来一些有关巴西热带雨林中印第安人宗族灭绝的鲜为人知的故事。

但大多数时候，我还是希望别人能注意到我。我希望我的着装能表现出自我，隐藏我身上的诸多缺点，让我看起来更美丽，并且能展示一些我们熟悉的风格和当前的流行趋势，同时又不为时尚杂志所羁绊。因为，正如时尚杂志编辑路易斯·春（Louise Chunn）

1. 萨维尔街，位于伦敦中心位置的上流住宅区里，以传统的男士定制服装闻名。“定制”一词就起源于萨维尔街，意思是为个别客户量身剪裁。短短的一条街被誉为“量身定制的黄金地段”。（译者注）

告诉我的那样："在时尚界，变老不是一件好事。很多人看起来有点儿可怜，有点儿像阁楼上的老女人。她们总是在追逐时尚，是因为她们受不了不能拥有最新款的时装。"

理想情况下，一个人可以成为西蒙·杜楠口中的极富魅力的怪人，她们是那种从不追逐时尚甚至可以说完全忽视时尚的人，她们有着自己独特的着装方式，就像帽子女王伊莎贝拉·布罗（Isabella Blow），整天戴着龙虾帽，穿着一些自己精心打造的疯狂的服饰。但是想要成为这样的人，需要的不仅仅是魅力，还需要一些机灵古怪的想法，这不是衣冠楚楚的状态，而是你个人身份的基本象征。我可不愿意叫我自己怪人。富有魅力的怪异无异于一种自我表现欲，就像杜楠本人，周六下午，兴高采烈地从格林尼治村公寓大楼里走出来，打扮得就像女王伊丽莎白二世出席国宴一样［只不过看门人跟他讲话的方式就好像他只是穿着牛仔裤，戴着约翰·迪尔（John Deere）帽］。他问道："您是现在要您的邮件，还是等您回来再拿？"

然而，我认为古怪并不适合我们每一个人，而魅力则是一种可以习得的习惯。魅力是我母亲那一代人的特色，因为有了它，那些经典电影才会那么原汁原味，那么引人入胜。魅力赋予女性力量。

作为一个词语，"魅力"于 18 世纪末期才出现在英语语言中，它是由沃尔特·斯科特爵士（Sir Walter Scott）从"glamer"这个词中创造出来的，这个词在苏格兰低地（Low Scotch）已经使用了一个世纪，意思是"魔力带给眼睛的幻觉，使其看不清物体本来的面目"。

一直以来，“魅力”都是魔法和技巧打造出来的视觉幻象的综合体。魅力是奇特的，包含了梦想、幻觉、嫉妒、竞争、性感、虚伪和肤浅。它始终就是一场表演。

20 世纪 30 年代和 40 年代的好莱坞明星贝蒂·戴维斯、琼·克劳馥（Joan Crawford）、凯瑟琳·赫本（Katherine Hepburn）和黛博拉·蔻尔（Deborah Kerr）都是中年女人扮演中年女人，这种现象在现如今的电影中是不复存在的。过时的“女性电影”变成了如今的“言情片”，经常是一个情景剧，剧中女主角穿着伊迪丝·海德（Edith Head）或艾德里安（Adrian）晚礼服，在一个暴风雨的夜里站在悬崖峭壁上，面对着黑白的大海。对比来看，那些年轻的主角实在无趣。

我们战后出生的一代在成长过程中总是想象着魅力。魅力总是与各种人为产物密切相关，如高光泽的丝袜、化妆品、像紧身胸衣一样看不见的内衣以及玛丽莲·梦露和伊丽莎白·泰勒那吸引人的美人痣。你很清楚这本身就是一个产品。取代它的时尚与魅力无关，它就只关乎青春，对一切虚假的事物反感厌恶。这仅仅是 15 岁的青春期妙龄少女，没有胸部和臀部，只有两条瘦削的腿、一张和整个面部色调一致的充满漠然的嘴以及那洋娃娃似的眼睫毛。之前，这些幼小的模特们拼命地想让自己看起来像个女人。其中最著名的当属超模朵莲丽（Dorian Leigh），她直到 27 岁才开始自己的模特生涯。青春期的她们，看起来已像中年妇女，因为时尚就是女人成熟期的专享，而不是少女时代所能驾驭的。青春期时尚是 20 世纪 50 年代的产物。

我想不出比在 20 世纪 60 年代成为一个热爱时尚的中年妇女更糟糕的事情，因为那时时尚总是与中年妇女为敌。那些衣服都是不适合中年妇女的：小圆领、无袖的迷你连衣裙，这些服饰虽说掩盖住了发育良好的胸部，却太过于暴露胳膊和大腿。人们反对这种伎俩，使得化妆这一妖术活生生成了衰老的象征。我们要以真面目示人，无须化妆，素颜就是年轻和清纯的标志。

到了 20 世纪 60 年代，魅力连同那些着装规则就像垃圾一样被遗弃，只有中年人才讲究着装。无论你从你母亲那儿学了什么高招来保证自己未来 60 年的风华，都因过时而丢弃了。她们戴那些钻石和珍珠项链只有一个目的：让自己容光焕发。

“人要三思而后行。”让·科克托说道。肤浅的人，他们讲述的故事很简单，却无法真实地反映我们的内在美和来之不易的智慧。40 年后，我们不得不重新学习颇有欺骗性的人造术。因此，为了彰显魅力抑或是追求不落俗套的着装，我已经不再穿经典的米色短风衣。魅力，不是那颇具少女气的印花连衣裙或者牛仔裤，而是虽已年华不再，却有脚踩高跟鞋，展现若隐若现的乳沟的自信与风韵。

像个十几岁的小女孩一样穿着短裙，配着打底裤，就是为了获得他人的同情。而打扮得像个嘻哈明星则是为了唤起兴趣，或许是让别人敬畏。说唱歌手比较懂得魅力。如果你和我移民来的祖父母一样来自贫民区，你就会明白出门就得打扮一番。对财富的炫耀以及对名牌的挚爱，这些基本的庸俗行为都是生命力的表现。60 岁的时候，我相信你会需要所有你能得到的一切。

无论是 16 岁还是 60 岁,你都需要服饰来塑造自我。站在镜子前，不同的装束会造就全然不同的你：去探索一切可能，发现各种不同的自我。新时尚刚开始的时候，会让你震惊不已。千万不要将美好的夜晚葬送在米黄色的装扮下，在生命逝去后的漫漫黑暗中，你将有足够的时间去尽情地享受那种毫无生趣的中性色。

背在她们肩上的那个沉默不语、一动不动的女性人体模型已经走进了房间，身上穿着麻絮和帆布，顶部不是头，而是一个黑色的木质球体。但是当她站在门和火炉之间的角落时，这个沉默的女人仿佛成了这个房间的女主人。站在角落里，她虽一动不动，却监督着女孩儿们的工作进度，听着她们的谈话内容，她们跪在她面前，把那件带有白色假缝线的时装一段段拼接起来。她们仔细而又耐心地伺候这个不动声色的人体模型，她可是不好取悦的。她冷酷无情，也就只有女摩洛神能这样了，女孩儿们被呼来唤去，不停地工作，她们瘦小的身体就像木线轴一样，纺线没有缠紧，动来动去，被那嘈杂的剪刀所操控，再被绕成彩线团，在缝纫机里呼呼作响。接着，她们用那穿着廉价漆皮皮鞋的脚踩起了踏板，不一会儿工夫，身边就堆满了碎屑，五颜六色的碎布条子，就像是一对挑剔又挥霍的鹦鹉蜕去的外皮。那弯弯的剪刀口，一开一合的，仿若外国奇异鸟类的喙。

——布鲁诺·舒尔茨

(Bruno Schulz)

摘自《裁缝用的人体模型》

11

女人也能想胖就胖

Expandable woman

作为顾客，你永远不能太富有或太瘦，而作为设计师，你只需做到不要太富有就行了。

……设计师也真的很可怜，他们眼睁睁看着自己作品的精髓在普通大众的身上消失殆尽，真是遗憾啊。这就好比一个大厨在高温条件下忙活几个小时，就是为了准备自己的招牌菜，以期达到烹饪事业的巅峰，然后，有人仅仅为了解一时之饿，把这道菜给吃了，岂不可惜。

设计师们可不想要胖女人的钱。他们不希望胖女人穿他们设计的衣服。因为他们经营的是美丽，只要胖女人依然像许多设计师认为的那么难看，时尚就是俊男靓女们的特权，那么这个充满创意的产业就没有民主可言，就做不到他们标榜的那样，任何女人，不管身材怎样，一定竭力把她们装扮得尽善尽美。

几年前，在克勒肯维尔（Clerkenwell）的一个餐厅里，我看到邻桌一个胖胖的男人，留着小粉猪鬃似的短而硬的亚麻色头发。他穿着战斗裤，大腿上的赘肉就像卡门培尔乳酪（Camembert）一样，堆到了椅子边缘。身旁瘦弱的年轻助手对他百般尊崇，认真地聆听着他所说的话，他把头往后一扬，大声而又自信地说着每个字。

跟我一起吃午餐的同伴说，他就是亚历山大·麦昆（Alexander McQueen）。

我不禁怒火中烧。这个死胖子居然说如果女性穿不了 6 号的连衣裙，她们就是太胖了，他以为他是谁呀？我最讨厌这种胖男人，竟然还大言不惭地对并不十分骨感的女人们说，她们不能吃奶油面包。卡尔·拉格菲尔德颤颤巍巍地躲在粉丝身后，隐藏他的双下巴，甜美的阿尔伯·艾尔巴茨（Alber Elbaz），红色领结也难掩其肥胖，还有就是麦昆——所有肥胖的男人都要求女人节食挨饿，说只有这样她们才能穿上紧身连衫裙。像拉格菲尔德和马克·雅可布（Marc Jacobs）一样，麦昆以后会在买来的最好的健身器材的协助下慢慢瘦下来，他们也无须为家里准备一日三餐。诚然，拉格菲尔德最终成功地让自己瘦了下来。但是，有趣的是，向来我行我素的时尚，竟然也会相信沃利斯·辛普森（Wallis Simpson）所谓的：作为顾客，你永远不能太富有或太瘦，而作为设计师，你只需做到不要太富有就行了。

现在，我们都穿着各自的衣服，我们不得不穿点儿什么。就好比，即使一无所有，你也不能不穿衣服。一个饥肠辘辘的乞丐坐在街头行乞，成千上万的人从他身旁走过，不会给他任何施舍。然而，一个裸体男人就会被人裹着毯子拖到警察局去。

总还有这么一些人，早上起来，刚从雾气腾腾的浴室走出，就模模糊糊地凝视着镜中的自己，接着穿上干净的衣服。大多数人，几乎所有的女人，都喜欢合身漂亮的衣服。为了找到那样的衣服，她们甘愿承受屈辱，因为要不然的话，她们只能穿着黑色宽松睡袍待在家里了。

衣服的世界和裸体的世界距离如此之远，那些穿衣服的人和裸体的人相见，往往就像猎豹和无足蜥蜴会面，它们彼此盯着对方，充满了困惑和不解。我们几乎从不裸体。我们几乎从不裸着身体去照镜子。至少 20 岁之后不会那么做。我们不知道自己是什么样子。除了我们的性伙伴，以及我们在健身房更衣时的少许时刻，几乎没有人注意过我们不穿衣服的样子。从视觉角度来看，我们就是自己所穿的衣服，这一点确定无疑。

裸体时，我们会深感羞耻。曾经，这种羞耻源于性，源自夏娃最初意识到自己没穿衣服的那个瞬间。现在，我们会因自己不像杂志上的模特那样强健、黝黑、唯美而深度焦虑甚至绝望，继而会感到羞愧不已。我们会因不能穿服装店里最小号的衣服而羞愧。我们会万分羞愧，因为我们的体型肥硕，像鲸鱼一样庞大，店里没有任何适合我们的衣服，最大尺码也就是 12 码，而对于我们来说，这依然很小。我姐姐穿 10 码的衣服，她在巴黎乐蓬马歇百货公司试裤子的时候，腿穿不进去。女售货员就在那里偷偷取笑。

像我这样的人，双亲分别是波兰和俄罗斯农民，家里有十个兄弟姐妹并且亲手宰杀母鸡，我的手腕很粗，根本戴不上手镯脚镯，估计克里斯提·鲁布托（Christian Louboutin）在弥留之际都会吓得泪流满面。1978 年，我饿了四天，那时候我一天吃一顿饭，而且只吃生鱼片。我的父亲很胖，身材高大。我母亲比较娇小，但是两次剖宫产让她的身材走形，她觉得不得不穿上一种宽大的高腰胶皮女裤来掩饰隆起的腹部。

我们衣服下隐藏的羞耻感影响了一切。从内心深处，我们会感到自己太胖或者干瘪，我们的胸部太小或者下垂得厉害，我们的腹部鼓了起来或者我们缺少《男士健康》杂志封面人物那样的肌肉。我们手臂下的赘肉在随风舞动。阴毛在大腿内侧疯狂地蔓延。拇囊炎、嵌甲症、皱皱巴巴的脖子、内陷的膝盖、风华不再的露肩领。我们身上的这些缺陷，别人虽然看不见，我们自己却心知肚明，那些我们最亲近的人也一清二楚，这些都是一种耻辱。我们能强烈感受到，这些缺陷势必经不起最仔细的审查，不过这恰恰又设法隐藏了我们性格中的诸多不足——坏脾气、经常酗酒、悲观消极、缺乏勇气、懒惰、鲁莽。杂志中充斥着显露名人身材的照片，颇有嘲讽意味，但很少暴露他们的坏习惯和偏执。因为这些名人看到那些令人不快的照片之际，就知道自己已被抓了现行。他们没有足够的把握再去争执。

如果你去游泳池，特别是你进入桑拿房的时候，你会发现，几乎没有匀称的身材。个子高高的女人，腰太细了。长躯干的女人，腿却短粗。拥有着子弹般平衡优雅身材的女人，大腿和小腿却太过消瘦。有的女人有胸无臀。有的臀部丰润，腰却太过纤细。有的女人像个小男孩儿，好像没有经历过青春期似的，一点儿都没有曲线，只有乳头下面微微隆起的小乳房。有的乳房则像是两个空空的容器，下垂得厉害，再往下垂点儿，就到膝盖了。在这个世界上，只有她们最清楚自己的不足。她们注视着彼此，暗自揣量，心生妒意。偶尔会有个看似拥有完美身材的女人进来，却无人注意到她。

我们出去买新衣服时，心中有的不仅仅是对时尚的兴趣，还有一种不安和自我厌憎，因为我们不知道该穿什么。再说了，我们买衣服，不是为了获得诺贝尔奖提名，要紧的是我们的身体还有那可怕的缺陷。不管你是不是一位贤妻良母，或者是否获得了粒子物理学的博士学位，都无关紧要。如果时装店里的服装不适合你，你造诣再怎么高，都无济于事。

在一次采访中，英国设计师贝蒂·杰克逊（Betty Jackson）（我并不是刻意要提，不过谈到身体的缺陷，我还是想说一下，他只有一条腿）告诉《每日电讯报》（*Daily Telegraph*）记者："我还是觉得瘦人穿起衣服来比较好看。我很抱歉，但这是事实。穿尺码 8 和 10 的衣服看起来比穿尺码 16 和 18 的要好看得多。"

从设计师的角度来看，衣服当然是重点。你梦想着创造惊人的东西，将其摆到时装展演台上，刺激人们的购买欲望。时尚是一种视觉审美。它所关注的就只是物品的视觉效果。设计师考虑的是衣服的面料、褶裥、裁剪和色彩，当然最重要的还是时装是否有创新，是否新颖别致，是否具有现代性，因为这些才是他们的专注点，这也正是我们热爱时尚的原因。设计师充满创意的大脑总是在思考我们要穿什么样的时装。

但是设计师也真的很可怜，他们眼睁睁看着自己作品的精髓在普通大众的身上消失殆尽，真是遗憾啊。这就好比一个大厨在高温条件下忙活几个小时，就是为了准备自己的招牌菜，以期达到烹饪事业的巅峰，然后，有人仅仅为了解一时之饿，把这道菜给吃了，岂不可惜。

至于如何让设计出来的时装穿起来更好看，就不关设计师的事情了。

因此，当我们走进时装店的时候，内心的不安一触即发。我们想要的是显得自己惊艳迷人的衣服。我们一直都很清楚自己身材的严重不足，那松垂的腹部和豌豆大小的乳房。看到镜中那鼓鼓囊囊的衣服紧裹着的躯干，或是空空然垂下的胸衣，我们的缺陷真是暴露无遗啊。

为了增强自尊心，你辩解说，在其他文化和时代里，胖女人更受人爱慕，这是毫无意义的，我们就是活在当下。要想穿越回到那个崇尚珠光宝气的时代，就意味着我们要接受与之相关的一切：不完善的卫生设备以及较高的分娩死亡率。很抱歉，我是不会那样做的。

随着财富的积累、社会的繁荣，以瘦为美的审美观日渐流行。视觉形象中的女人越来越苗条，而现实生活中，她们变得越来越胖，越来越重。那些模特只有 15 岁。你渴望苗条的身材，但是理想和现实的差距却日益悬殊，你觉得自己仿佛站在一个偌大的鸿沟面前，歇斯底里地叫着，我要瘦身！却终归无可奈何。

对于很多女人来说，结果无非就是放弃。她们只好用衣服来伪装。运动套装是个不错的选择。因为买衣服太难了，简直让人痛苦不堪，心烦意乱，你似乎没有什么可选的，也没什么可买的。

我个人觉得，相比其他产业，这就是时尚业纯粹的奇异之处，比如说汽车制造厂家，只要你信誉好，就算没有驾照，他们也会卖给你一辆梅赛德斯奔驰。

设计师们可不想要胖女人的钱，他们不希望胖女人穿他们设计的衣服。因为他们经营的是美丽，只要胖女人依然像许多设计师认为的那么难看，时尚就是俊男靓女们的特权，那么这个充满创意的产业，就没有民主可言，就做不到他们标榜的那样，任何女人，不管身材怎样，一定竭力把她们装扮得尽善尽美。

时尚与它最应该关注的点背道而驰，那就是尽心装扮女人，让我们尽可能地好看。我所指的并不是商业街时装店里出售的衣服，它们没有创造时尚，而只是简单地模仿了时尚，将时尚稍加修改以适合普通大众的穿着。 这里我所说的“我们”指的是那些买不起亚历山大·麦昆或郎万或香奈儿品牌的女人。但是那些买得起这些品牌的女人又能怎样呢？谁又能像保罗·加利科小说中的哈里斯夫人那样，为了买到一件迪奥高级定制服，不惜倾其一生所有？她们不能，除非她们的尺寸达到了时尚界的严格要求。

因此，我们最好还是认清时尚的本质：时尚不是设计师装饰身体的欲望，而是构想出美的物体，通过一定的工艺流程将其创造出来，再将最终的成果以唯美的形式展现出来，也就是让那些最高挑、最苗条、最年轻的模特在最棒的 T 台上展示他们的作品。如果 5 岁的小孩能达到 6 英尺高，那么设计师们势必会把他们推向时装展演台。

正是这种脱节给我们的购物带来了痛苦和羞辱。我们每个人都在独自寻找合身好看的衣服。试衣间里，我们几度心碎，牛仔裤要么太长了，松松垮垮地搭在座椅上，要么太短了，吊了起来。

我们希望时尚能迎合我们的需求，服务于整个人类；能够满足我们掩饰身材诸多不足的心愿。然而，它没有做到。在克勒肯维尔某个餐厅里的那个腿上赘肉外泄的男人对人们追求美的愿望毫无兴趣。他感兴趣的只是自己头脑里的想法以及如何将其实现。他自己胖瘦与否，无关紧要。

那就是时尚。你瞧，它与我们毫不相干。

“你要做的就是，

每天把两只鞋跟放在一起，

敲击三次，

命令鞋子把你带到任何你想去的地方。”

孩子高兴极了，

说道：

“要是那样的话，我会立即让它们把我带回堪萨斯州。”

——莱曼·弗兰克·鲍姆

(L. Frank Baum)

12

缠足及其他折磨人的现代时尚形式

Footbinding and other modern forms of torture

不舒适的鞋子带来的疼痛，就像牙痛一样，让人浑身难受。我从来没见过男人穿什么不伦不类的鞋子，也从未见过女人对男人的鞋子有什么非分之想。

美人鱼的悲剧向我充分地揭示了作为一个女人不能调解的矛盾，我们放弃了似无重量的自由，换来浪漫生活施加给灵魂的束缚。

你会穿着母亲的鞋练习走路。我依然清晰地记得六七岁的时候和另一个女孩一起，偷袭了我们母亲的衣柜，身穿拖到脚踝的连衣裙，踩着她们的高跟鞋，踏着沉重的脚步在尘土中跌跌撞撞地行走，直至摔倒在地，这可真是一个艰巨的工作啊，我们实在难以掌握这复杂的平衡之道。

我母亲告诉我，美是要付出代价的，在热罩吹风机的作用下，金属卷发器烤得我头皮发烫。我甘愿承受这种痛苦，没有丝毫怨言，就如后来者忍受肉毒杆菌针剂所带来的苦痛一般。

鞋子出了问题，穿上它们，我走不了路。如果设计这些鞋子不是为了方便行走，那其目的何在？不，鞋子就是为了满足人们的欲望。我始终不明白鞋子有什么好爱的，直到这些年，我把《欲望都市》（*Sex in the City*）从头到尾看了个遍，才恍然大悟，该美剧让我知道了莫罗·伯拉尼克这个名牌，以及那个“爱鞋如命”的女孩儿。因为鞋子是美的化身，能满足女人的欲望，因为它们本身就是人们钟爱的对象，能带给女人自信，因为它们就是用皮革和金属做成的小雕塑。因为脚是我们身体中离大脑最远的部位。

倘若不是受到凯莉·布雷萧（Carrie Bradshaw）及其女伴们的影响，我是不会去买结实且舒适的鞋子的。我以前的鞋子都是松糕鞋、坡跟鞋、细高跟鞋和后跟为带状的裸跟鞋，都是些尖头、圆头的和方头的鞋子。我有一双五颜六色的高耸楔形鞋，一双天鹅绒刺绣，宝石镶嵌的紫红色拖鞋，我最钟爱却失去已久的粉色麂皮坡跟鞋、红色麂皮细高跟鞋，追溯到 20 世纪 70 年代华彩摇滚时代的蓝绿色皮革厚底靴子，以及新买的黑色漆皮的杜嘉班纳 4 英寸高跟鞋。这些鞋子都很可爱，但是除了那双麂皮坡跟鞋外，其他哪一双我都不太喜爱，它们也从未像我的奶油色漆皮安雅·希德玛芝手提包那样带给我同样的激情。

我不知道什么时候开始我们对鞋子那么感兴趣。我不知道女性是不是真的酷爱鞋子，而《欲望都市》只是把这份从未浮出水面的痴迷展现出来，抑或是《欲望都市》点燃了女人对鞋子的欲望之火。鞋子什么时候变得比时装更迷人了？为什么我现在听起来像凯莉·布雷萧，居然有这么多疑问？

最近，我开始变得讨厌并且害怕鞋子了。我害怕去商店买鞋子，因为这种体验已经变得相当困难，令人苦恼烦闷，既需要身体忍耐力，还得厚着脸皮，蒙羞受辱，到最后还是失望而归。买鞋子就好比一次探险，我日渐觉得自己注定要空手而归了。这是因为我找不到能穿着走路的鞋子。他们现在卖的鞋子有一种被称为“car to bar”（从汽车到酒吧）鞋，你只需走一小段路程，从出租车到目的地入口之间一段崎岖不平的路，大概只有几步之遥，之后就坐到酒吧的高脚凳上，跷起二郎腿，那紧身超薄连裤袜在灯光下闪闪发亮。而后将一杯鸡尾酒举至唇边，接着开始诱惑男人。这个主意很不错，但实际上正如业余评论家在读书俱乐部里说的那样，这“跟我们的个人体验毫不相关”。

因为当我坐出租车出门的时候，一般是去参加聚会，要在那里一连站三个小时，要么就是去饭店，脚在桌布底下盖着，根本看不出来鞋子。那么，这些好看却不合脚的鞋子又有什么用呢？为什么店里卖的只有薄底的芭蕾舞鞋，走起路来，脚掌仿佛贴到了地面，让我感到脊柱受到了阵阵撞击，或者是一些没什么型的呆板的死羊皮雪地靴（Ugg）和卡洛驰[1]（Crocs）鞋，再则就是清理池塘里的藻类植物时穿的色彩斑斓的塑料靴？

*

“只有富人才买得起廉价鞋”这条原则言之有理，因为如果没有鞋子保护着脚，生命便难以支撑。这条原则的基础是高品质的商品经久耐用，而劣质产品就不耐用，就我们脚上所穿的鞋子而论，你不能总抄近路，还是得颠簸地四处走动。你不能走路，更重要的是没有好的鞋子，你就不能逃跑，而逃跑在我们家几代人中几乎是常事儿。要么就是被人推着走。

作家普里莫·莱维[2]（Primo Levi）在其回忆录《休战的天空》（*The Truce*）中记录了他解放后从奥斯维辛集中营回到家乡都灵（Turin）的经历，其中描述了他的旅伴，就是那个他称作希腊人的人［萨洛尼卡（Salonica）的当地人］。他鄙视莱维穿的怪异的鞋子，因为才走了 20 分钟的路，鞋底就开了。其中有一段最让人难忘：

“你多大了？”

1. 卡洛驰是一家总部位于美国科罗拉多州的鞋履设计、生产及零售商，以 Crocs 品牌于市场上推出男装、女装及童装的舒适鞋款。创立于 2002 年，Crocs 鞋子最初是为帆船和户外运动者所设计的。（译者注）

2. 普里莫·莱维（1919—1987），意大利作家、化学家以及奥斯维辛 174517 号囚犯——这多重身份与经历建立了他写作的基础。（译者注）

“25 岁。”我回答道。

“你做什么工作？”

“我是一位化学家。”

“那你是一个傻瓜，”他平静地说，“一个没有鞋子的人就是一个傻瓜。”

他是一个伟大的希腊人。无论在那之前还是之后，在我的一生中，我很少被这种朴实的智慧打动过。真是无言以对。争论的结果不言而喻：我脚上穿的就是两片不像样的垃圾，而他的鞋子却闪闪发亮，堪称奇迹。

自从多年前读到这篇文章，我就从没完全忘记过他们要表达的基本信息。没有耐穿的鞋子，我们就是可怜虫。合适的鞋子是我们生存的基本需求。但是，现在已经出现了一种“后空翻”，至少在女性中已经流行，所以步行和鞋子之间那种连查尔斯·阿特拉斯（Charles Atlas）都奈何不了的牢固关系已被打破。是时尚设计师隔断了这种联系。

一想到不能随意行走，我就深感不安。不舒适的鞋子带来的疼痛，就像牙痛一样，让人浑身难受。我从来没见过男人穿什么不伦不类的鞋子，也从未见过女人对男人的鞋子有什么非分之想。我发现如果男人对某种鞋子百般痴迷，那一定是运动鞋。他们穿着能跑的鞋子，并将其转变成了时尚产品。多么聪明啊。

*

人们 20 世纪以前穿的老鞋子非常奇怪。时间越久远，鞋子越像尖头皮鞋，就是 20 世纪 50 年代末不良青年穿的长长的尖头鞋。20 世纪初以前，上流社会女性穿的时尚鞋子都是丝绸和缎子材质的，而不是皮革的，镶有宝石的鞋构成了鞋子的一大亮点（男鞋和女鞋都是如此）。之所以采用丝绸材质，是因为女人们从不在街上行走，除非她们是劳工、小商人的妻子或者妓女，这些情况下，她们就会穿上结实的皮靴。随着女性生活的改变，这一切也都有了变化。维多利亚和阿尔伯特博物馆（V&A）的展品中就有一双爱德华时代的红皮鞋，低低的弯跟、尖尖的头，还有花边的绸带。博物馆馆长说这种风格表明了女性的独立性日渐增强，她们渴望时尚的鞋子，穿着这样的鞋子可以逛遍全城，自由出入宫殿式的百货商店，而无须女伴陪同。

在这次展览上还展出了 3 双漂亮的小山羊皮舞鞋，这种鞋子从 1925 年开始盛行，底部是路易式鞋跟，比 20 世纪 40 年代小型的细高跟要坚固，为了使查尔斯顿舞（Charleston）和黑臀舞（Black Bottom）的花式步法更加曼妙，脚背周围的 T 字带将鞋子和脚紧紧相连。

整个 20 世纪 30 年代，人们依然穿着带有坚固高跟的圆头鞋。通常，穿这样的鞋子需要踝扎。1936 年，鞋子设计师萨瓦托·菲拉格慕（Salvatore Ferragamo）设计出了坡跟鞋和现代的厚底鞋。由于缺乏皮革，他用木材和撒丁岛（Sardinian）软木做成了砖形鞋底，并用玻璃纸做成了鞋面。虽然这种坡跟鞋看起来很笨拙，但走起路来极其舒适，而且耐磨损。

砖形鞋底让女人显得更加高挑，并且与战争期间士兵的方肩很协调。战时，人们穿的鞋子默认为坡跟鞋和厚底鞋，穿上这样的鞋子，你可以快速跑到防空洞，也可以跳林迪舞。法国被占领期间，人们只能穿木制坡跟鞋。

然而，坡跟鞋与“新风貌”时装所呈现出的娇小身材不太搭调。关于战时和战后女性变化的描述已有很多：女性从战时的工作中解放出来，而且男性归来之后，就从她们手中要回了本属于他们的工作。想在没有女权主义的真空环境下去理解时尚是行不通的，因为时尚与女性的生活以及她们是否拥有平等地位是密切相关的。女性的所思所想所做都发生了改变，因此她们的着装也就有了巨大的变化。时尚的每一次巨变都是伴随着社会自由的前进或者后退而来的。

迪奥的“新风貌”创作出了一些极其华美的服饰，成为 20 世纪最令人陶醉的时装，带给了人们视觉和感官的享受，不过，这些服饰穿起来却是相当痛苦的。紧身衣把女性的腰勒得只有手掌大小，在蜂腰小短裙，衣甲形成的假臀衬托下尤为明显，这样，女人不得不三步化五步，莲步轻移。

渐渐地，罗杰·维威耶推出了新鞋子，增加了“新风貌”花状轮廓的比例，这些鞋子和那些穿着它们的女人一样，看起来都很脆弱。鞋子又高又细的跟使重心集中到了一小块区域，这样就不得不通过金属棒和金属或硬塑料底端来加固鞋跟。通过这种高跟传送的巨大的压力（显然比一头大象单脚站立时产生的压力还大）可以改变女性走路时的姿势，这样臀部就可以性感地扭来扭去了。

哦，我多么渴望能拥有那样走起路来嘎嘎响的高跟鞋啊。从儿童凉鞋到令人不堪忍受的鞋子的过渡，能让你意识到自己已然变成了一个女人。第一双高跟鞋对于女生来说就像男生的第一个刮胡刀那样具有重要的意义。尼克尔森·贝克（Nicholson Baker）指出："鞋子是我们所享有的第一款成人设备，我们要学会操控。"你要明白，你得学会穿高跟鞋走路，就像我以前笨拙地踩着钢刀片在溜冰场学溜冰一样，虽屡屡摔倒，最终还是成功了。

你会穿着母亲的鞋练习走路。我依然清晰地记得六七岁的时候和另一个女孩一起，偷袭了我们母亲的衣柜，身穿拖到脚踝的连衣裙，踩着她们的高跟鞋，踏着沉重的脚步在尘土中跌跌撞撞地行走，直至摔倒在地，这可真是一个艰巨的工作啊，我们实在难以掌握这复杂的平衡之道。

当你觉得自己已经做好准备的时候，会经历一段过渡期，你会不断地唠叨：我现在能穿高跟鞋了吗？你得等到 15 岁才能穿。但是，15 岁太遥远了，没准儿我们还没到 15 岁，就已经被原子弹炸得灰飞烟灭了。15 岁的少女与众不同，扑着蜜丝佛陀粉底，涂着珊瑚色口红，刷着睫毛膏，那睫毛膏结成了块状，你得朝上面喷口唾沫，然后使劲儿用刷子擦过它那满是泡沫分泌物的表面。

但是，当我行至半路，当我 14 岁的时候，已然没有了高跟鞋。

高跟鞋已经过时了。迪奥的装扮，那种无与伦比的成熟世故的女性气质，已经一去不复返了。取而代之的是十几岁小女孩的小迷你裙和圆头的低跟鞋,也就是我这样的。我完全就是那个时候的时尚代表。因此，我就无须学习穿着别扭的鞋子走路，也不必承受磨脚的鞋子所带来的痛苦，因为穿着它们会很不舒服，等你长大了，进入社会圈子之后就会深有体会。你得接受这样的事实——你的脚趾会被压成一小点，鞋跟会在不稳定的钉鞋上摇摇晃晃。

我希望细高跟鞋能够重现。我觉得我错过了女人真正的考验。然而，当它们真的重现的时候，对于我来说，一切都已经太晚了。

几十年后,我面临的是一双双外表光鲜亮丽,却不实用的高跟鞋,它们甚至会影响到我的正常生活。我就开始想，这种自残行为岂不就是为了阻碍女人正常的行走吗?

10 世纪到 20 世纪伊始，中国未成年女子的双脚都被绷带紧紧包裹着。裹脚布里的脚趾，骨头都断裂变形了，谈何生长。紧裹着的双脚带给孩子巨大的痛苦，脚的长度甚至都不能超过 4~6 英寸。成人后，女孩儿的脚极易被感染，甚至瘫痪以及肌肉萎缩。跖球骨会直接折到脚后跟里；脚指甲继续生长，直至弯曲扎进皮肤里，导致肌肉腐烂，有时脚指甲还会自然脱落。经过长达三年的裹足之后，当孩子 7 岁左右时，脚差不多已经坏死，她就这样带着双脚散发的腐烂臭气走来走去，终生承受这种痛苦。

这种残忍的做法旨在达到三寸金莲的目的，这样，成年女子走起路来犹如轻轻掠过金莲顶端。

现在仍然存在很多可怕的恶习：阴蒂切除；用人造物质丰胸；往唇部注入胶原蛋白；额头注射毒素以及巴西式蜜蜡脱毛；等等。当我在商店里看到漂亮的鞋子之际，我忍不住想起中国女性 1000 多年来被迫忍受的痛苦。和那些中国女孩的母亲一样，我们是使这些恶习遍行的共犯。这让我们不得不去想是不是女性存在某种威胁，以至于定期地需要一种方法来捆绑她们的双腿——如果从更深层次来说，或者采用更加平庸和直截了当的说法，这只不过是正常的时尚周期。

因为时尚无节制。你有一双圆头的低跟鞋，就得配一条高过大腿中部的短裙。你有一件到脚踝的晚礼服，就得运用斜裁方式将其剪裁，这样就可以显露出层层涟漪，秀出你圆润的翘臀。诸如此类，不胜枚举。就时尚而言，没有什么是简单的或富有同情心的。

痛苦、不适以及悲伤都是时尚的一部分。时尚伤害了我们的肉体和情感。给我一双能穿着走路的鞋子，我哭喊到。他们却给了我拖鞋，换言之，就是让你看起来又矮又胖。

因此，我就开始怀疑，女人是不是受虐狂，甘愿忍受这种折磨。难道我们真的是我们兄长所谓的白痴吗？“只有在我们的心灵和性格都熟睡时，这些好看的衣服才能被看到”，拉尔夫·瓦尔多·爱默生（Ralph Waldo Emerson）对此嗤之以鼻。20 世纪早期散文家罗根·皮尔索尔·史密斯（Logan Pearsall Smith）创作了近 30 部作品，其中大多数都已经绝版，他曾说道：“你不可能既时尚靓丽，又出类拔萃。”

不过，后来我想，男人们又何尝不是如此呢？他们玩橄榄球时会撞掉牙齿，他们寻求高山降落的刺激，跑马拉松，举重，甘愿冒着被射杀的风险越过半个地球去参战。因为痛苦本就是生活的一部分，不劳而获的快乐就像棉花糖一样，味同嚼蜡，让人心生厌倦。

我要是能学会穿着舒适的鞋子生活，就再好不过了。女交通管理员穿的系鞋带的鞋、马腾斯博士靴（Doc Martens）、圆头古巴跟的大笨鞋，儿童穿的原色丁字带皮凉鞋以及木屐等。但是穿着这样的鞋，只能体会到生活的一个方面（或者说是一种我想过的生活，不包含在威尔士拥有一片自留地，低低的山丘上，阴雨连绵，小鸡们拉着屎，咯咯地叫着）。我想要一双漂亮的，且能穿着走路的时尚的鞋子，然而，这种毫无希望的愿望有一个永恒的缺陷，关乎着自由与束缚。我母亲告诉我，美是要付出代价的，在热罩吹风机的作用下，金属卷发器烤得我头皮发烫。我甘愿承受这种痛苦，没有丝毫怨言，就如后来者忍受肉毒杆菌针剂所带来的苦痛一般。

多年以来，一个关乎这一矛盾的有象征意义的故事在我脑海中挥之不去，汉斯·克里斯蒂安·安徒生（Hans Christian Anderson）的童话故事《海的女儿》讲述了美人鱼的故事，她是海王的女儿，却爱上了陆地上英俊的王子。

在她 15 岁生日那天，她的祖母允许她浮到海面上去，然而祖母的建议却影响了她短暂的一生：

“你现在已经长大了，”她的祖母，一个老贵妇说，“来吧，让我把你打扮得像你的那些姐姐一样吧。”于是她在这小姑娘的头发上戴上一个百合花编的花环，不过这花的每一个花瓣都是半颗珍珠。老太太又叫八个大牡蛎紧紧地附贴在公主的尾上，以显示她高贵的地位。

“不过，这样可真难受！”小美人鱼说。

“当然咯，要想美丽，就得吃点儿苦头。”老祖母答道。

美人鱼跃上海面，救了一位遭遇海难而溺水的英俊王子，这位自由的女神大胆地亲吻了王子。她不禁惊叹，为什么生活在陆地上的人们可以拥有不朽的灵魂？有人告诉她，那是因为他们能结婚。大海中的生灵，虽然享受了自由，却不得不面临死亡。她怎么才能获得王子的爱和不朽的灵魂呢？

她去找了海巫，得知她想嫁给王子，就要放弃自己美丽的嗓音和漂亮的尾巴。海巫告诉她：

“我会为你煎一服药，你带着这服药，在太阳出来以前，赶快游向陆地。坐在海滩上，把这服药吃掉，之后你的尾巴将会分为两半，变成人类的双腿。但这是很痛的——就好像有一把尖刀插进你的身体。凡是看到你的人，一定会说你是他们所见到的最美丽的女人！你仍旧会保持你游泳时的步调，任何舞蹈家都不会像你那样轻柔起舞。不过每走一步，你都会觉得好像是在尖刀上行走，好像你的血在向外流。倘若你能忍受得了这些苦痛，我就帮你。”

长话短说，这个美人鱼接受了海巫的建议，承受了巨大的痛苦来赢得王子的爱，但是他已经深深迷恋上拯救他生命的美人鱼，但悲剧的是她已经不再是美人鱼了。因此他选择了政治联姻，以确保王朝的正常延续。美人鱼最终化成了泡沫，既没赢得王子，也没获得永恒的灵魂。

美人鱼的悲剧向我充分地揭示了作为一个女人不能调解的矛盾，我们放弃了似无重量的自由，换来浪漫生活施加给灵魂的束缚。我们不甘心以自己原有的舒适样子生活下去，这是由我们这个社会的准则决定的。我们情愿在刀尖上行走。忍受痛苦是我们作为人类的一部分。我希望我能找到一条出路。但我不能。

我曾经在《时尚》杂志上发表了一篇短篇小说来阐释这一问题。他们非常友好地允许我在这里把这个故事再讲一遍，以展示我们现今生活中的美人鱼般的生活状态。

13

小美人鱼的脚

The Little Mermaid's Feet

有一只美人鱼和她的父母姐妹一起生活在爱尔兰的海里。海中的生活，冰冷又无聊。美男鱼很少露面，你得游到遥远温和的印度洋海域，方可寻觅到一个伴侣。

日日夜夜泡在海洋里，为伴的只有枯燥单调的大海。她们那半人类的状态，几乎在水面下停留不了几分钟，浅薄的生活，这一切都让她们心烦意乱。小美人鱼说:“好无聊啊。”她的姐姐大美人鱼说:“我比你厌倦的时间更长。”

她们暗暗迷恋海豚，以此设法打发无聊的时光，却发现他们远非盛传的那么聪明。海豚对梳子以及其他的女性饰品毫无兴趣。她们的父母远在他方，正在策划着参加海王的竞选，与海王星和其他诸神协商他们的身份地位。女孩们则互相攀比着彼此闪闪发光的美丽鱼尾。

“就这么定了，我要离开这里，我要出去寻找异性伴侣。”小美人鱼说道。她的姐姐悲叹道：“没用的，你找不到他们的，这注定是一次探险。”

“我不管，我可不想再这么生活下去了。”但是，她清楚自己远比姐姐漂亮，大美人鱼身材臃肿。只要找到美男鱼，爱情也就顺理成章了。那一天，阳光灿烂，小美人鱼出发了，尾巴拍打着海上的泡沫。她游啊游，兴奋、性感，满怀希望，直到抵达一块更大的陆地，她之前所在的陆地可小多了。她沿着较低的海岸线继续前行。头发上挂着汗珠，就像是一粒粒珍珠。但是，之后她转错了方向，发现自己正游向荒凉的入海口，那里，货物集装箱船正负重航行。

河道越来越窄。不一会儿，她就游过了一座又一座桥。多么伟大的建筑啊！她在堤岸一边的岩石上躺着休息了片刻。她打起了瞌睡。当她醒来的时候，抬头一看，发现一位年轻女子正坐在她上方的一条长凳上。该女子手里拿着一个盒子，在臂弯里摇来摇去，仿佛它就是她的恋人。小美人鱼很好奇，想知道盒子里面躺的到底是什么。她想，或许是什么美味的陆地食品吧。她真心厌倦了嚼生鱼的日子，真想知道有没有什么不带咸水味的烹调原料。

那个女子打开了盒子，从里面拿出了两件物品，看似一模一样，形状上却略有区别，它们转向彼此，就像海豚一样触吻着。红红的，像镜子一般闪闪发亮。两者在人的脚趾的位置都开了口。后面发生的事情，相当奇怪，它们抬得很高，后部犹如大头针一样高耸着。

一名年轻男子走到长凳边，他俩好像认识，因为他给了她一个吻面礼。她给他看了看自己手中攥着的鞋子，他笑了，一把抓住女子的拳头，试着把它掰开，但是她举起手臂，把手中一张揉皱的纸片扔到了美人鱼游过的河里，然而，纸片溶解了，反正，美人鱼只能看懂星星的位置。

当她再次看了看堤岸上那一男一女的时候，那女的站着，脚上穿着鞋子。她身上有些东西彻底改变了。她穿着一件灰色西装、白色衬衫，很像狂风大作时的大西洋，海天难以辨认，但是当她穿上了那双鞋子，小美人鱼想起了云层背后偶尔露面的一些傲慢女神。难道人类就是这样变成神灵的吗？仅仅是一双鞋子就能带来如此大的变化吗？难道就是因为没有鞋子，深水动物才会如此卑微吗？

这个年轻的女子不情愿地脱下鞋子，把它们放回盒子里，退缩到她的灰色西装里。现在，小美人鱼全身心地体会到，自己所需要的不仅仅是一个美男鱼,还有一双漂亮的红鞋子。小美人鱼陷入沉思。她闭上眼睛，睡着了，当她醒来的时候，一个全新的生存方案已经产生。因为，在海里，美男鱼普遍稀缺，而在干燥的陆地上，男人比比皆是。成千上万的男人，忙于各自的业务，徘徊间不时关注女人和她们的鞋子。美人鱼心想：“我可以找到一个人类男孩儿，我只需要摆脱这条尾巴就行了。”她美丽的尾巴——银光闪闪却没有用武之地，对她而言又有什么意义呢？除了海王星，其他诸神都有脚，有凉鞋和复杂的爱情生活。

她顺着河口朝着太阳落山的方向往回游，找到了祖母，祖母正用一些小型软体动物的浓缩物染发，其功效只有她本人清楚。

“我想离开大海，到陆地上行走，我想成为一个人，而不是处于半鱼类状态。”小美人鱼说道。

祖母耐心地给她解释海洋生活的诸多优点，然而她依然在想着那双光芒四射的红鞋，以及众多为之倾倒的英俊的年轻男子。

最终，祖母告诉她：“有一个办法，我能给你双腿。但是我必须要警告你，你将经历炼狱般的苦痛。如果你变成了人，如果你失去了尾巴，你在陆地上的每一步就犹如在燃煤或尖刀上行走。”

小美人鱼不耐烦地点点头。有时，她会在岩石碰伤自己，她知道疼痛是什么滋味。

她本以为只服一剂药就能完事儿，然而事实却远非那么简单，想把她的尾巴分成双腿和双脚需要真正的手术，其中还包括负责生殖的秘密部位的重新定位。手术是在堤岸下面进行的，这样她一旦痊愈就可以直接爬到陆地上。过了很久她才康复，这期间，祖母喂她吃了小虾米和细小的美味佳肴。虽然她和祖母谁都没有说什么，但是她们都注意到了，双腿并没有她俩所希望的那么好。小美人鱼粗大的小腿和笨重的脚踝底下，是纤细的双脚。这双脚看起来并不能撑起双腿。

她在陆地上走了一步，接着又走一步。“哎哟！”她不禁尖叫。真的就如她祖母警告她的那样，不过她当时并没有像其他人那样穿着可以保护脚的鞋子。很显然，饶舌的老太婆们总喜欢讲这类故事，她们认为小美人鱼活该受苦，其实她们根本就不懂得人类文明的进步与发展。

她一瘸一拐地走着，直到看到一家商店的橱窗里摆着鞋子，才停了下来。售货员告诉她：“这些鞋子都有适合你的尺码。”她递给小美人鱼的鞋子银光闪闪，比那双铮亮的红鞋的鞋跟更高、更细，像针尖一样，鞋尖也更显精致。小美人鱼看着这双鞋子，心中充满了爱和希望。她仿佛看到了未来的生活，她的人类生活，这一切都闪烁着光芒。她把那双银光闪闪的鞋子一只只地穿上，在地板上摇摇晃晃地走了起来。

她感到锥心地痛，这种疼痛从脚趾通过脊柱蔓延到她弱小的背部。她备受折磨，充满恐惧，远比赤脚走路痛苦多了。女售货员对她说会慢慢习惯的。女售货员自己脚上就穿着类似的鞋子。

“这种疼痛最终会消失吗？”小美人鱼问道。

“哦，不会消失，只要你想穿漂亮的鞋子，就得一直承受这种痛苦。”

小美人鱼看了看自己的腿。她离开这家商店，忍着疼痛在街上走着，泪水从眼里涌出。她看到一个英俊少年朝她走来。他喊道：“大粗腿！”那一刻，她脚趾的疼痛愈加强烈了。这是大海在歌唱吗？还是只是谁的苹果音乐播放器里传出的声音？

如果你想，

请取走这小小的包裹

解开绳索，

满满的梦呓会将你包裹。

——威廉·巴特勒·叶芝

(William Butler Yeats)

14

好的手提包，让你神采飞扬

A good handbag makes the outfit

……撒切尔夫人（Mrs Thatcher）最初拿着手提包只是要证明自己是个女人，而不是男人……

包包不仅拥有看得见的品牌标识，还有名望。就好像你不是在买包，而是买一种可供替换的性格。

随着奢侈品的普及，越来越多的奢侈品贬值了。只有一款名贵包并不能说明你的身份有多尊贵，你得一个季度换一款才行。奢侈品已经不能保值了。现在只有像扔普通商品一样去扔奢侈品，才能彰显自己的地位。

如果说拎着一个手提包就标志着你已经成年了，那么我的包包就是我竭力走向成熟的方式。

这就是我母亲的座右铭。我的卧室外面，立了一个书柜，书柜里没有一本小说，却在柜顶摆了一排母亲的名牌手提包。其中有一个是筒状的，黑色漆皮已经破旧不堪，都不能用了，但是我还是不忍心扔掉，所以我把它交给了手提包设计者安雅·希德玛芝（Anya Hindmarch），唯盼她能激发出创作灵感。倘若不能，她可以替我把手提包扔了。作为答谢，她给了我一罐手提包状的糖衣饼干。

我母亲收藏的包包系列中还有一个银光闪闪的晚宴包，其珍珠母手柄十分坚硬，一个镶金的零钱包，还有一个丝绸上印有 18 世纪田园景色的晚宴包，包的背面是黑色罗缎，配着一条细细的金链子，除此以外，还有一个十分扁平的矩形黑色皮包，这是查尔斯·卓丹（Charles Jourdan）20 世纪 60 年代的作品，里面哪怕只是装一串钥匙、一个手机或一个钱包就会鼓囊囊的，很难看，所以你用的时候，包里只能装块手帕，其他的就交给你的男友啦。这些只是我母亲众多包包中的几个代表而已。

这些年，我还增添了两三个芬迪麂皮法棍包，一个红色的，一个紫色的，还有一个黑色皮革长棍面包状的古琦休闲包，这是我写小说闲暇之余在意大利卡普里岛（Capri）的古琦精品店买来的。《时尚》杂志编辑敦促我为土耳其（Turkish）抗震救灾尽一份绵薄之力，我就在时尚展销会上买了一个牛血毛皮卢埃拉·巴特利[1]（Luella Bartley）包包，他说这个包包很经典，的确，包的装饰很漂亮，典型的卢埃拉风格——肩带和金属环，让人觉得就像走进了诺克斯堡[2]（Fort Knox）；还有两个安雅·希德玛芝包包（我的最爱），一个是奶油色皮面的，另一个是棕色的高仿鳄鱼皮包，两个都是旅行用的；此外还有四个安雅·希德玛芝包，我绝不是怕单调才买的这几个包包，其中一个是黑色和金色漆皮的，不过我最喜欢的当属那个带链的奶油色漆皮包。除了这些，还有很多其他的包，比如我在布卢明代尔百货公司（Bloomingdale）买的杜嘉班纳绿色麂皮法棍包，还有一个我从网上买的费雷品牌的包，是从美国发的货，价格相当优惠，只是买回来发现，一点儿也不好。伤心的是，我最近扔了两个爱包：一个是伦敦连环爆炸案两天后，我在塞尔弗里奇百货公司买的芙拉（Furla）包，由于在布达佩斯惨遇倾盆大雨，皮革都淋坏了；另一个是我在巴黎谢尔什-米迪大街（The rue de la Cherche du Midi）买的福斯托·桑蒂尼（Fausto Santini）品牌包，那细细的包带因不堪重负而断掉了。这让我想起了那条街上的一个叫"银杏"（Gingko）的小店，专门制作出售珠宝色的尼龙袋，我还买了两个呢，只不过那

1. 卢埃拉·巴特利，1974 年出生于英国，毕业于伦敦圣马汀大学（Central St. Martins College），主修服装设计。她曾任英国版 *Vogue* 杂志服装编辑，现在则以自己的名字"Luella"作为品牌名称，设计出一系列皮包及服饰。（译者注）

2. 诺克斯堡位于美国肯塔基北部，是美国联邦政府自 1936 年起存放黄金的地点。（译者注）

家店现在已经没了。

我没有任何一个香奈儿或者爱马仕的经典包，无论是香奈儿 2.55，还是爱马仕铂金包，我都没有，它们起价就要 3500 英镑。单凭这一点，就不能说我的手提包收藏品有多么了不起。有时候看到这些包，我觉得它们就像一个图书馆，只是缺少了莎士比亚和弥尔顿的作品。

我的这一系列包包的收藏远先于 21 世纪 10 年代中期兴起的伊特包（IT bag）狂热，不过的确被它超越了，这是因为随着物价上涨，手提包市场受到了重创，我渴望的包包，已经远远超出我的购买能力。我原以为，花 200 英镑就能买一个包，但当我发现一个迪奥以及芬迪的普通包包就需要 400 英镑的时候，我惊呆了。之后又涨到了 600 英镑，然后是 800 英镑，接着，你心仪的包包要花掉你 1000 英镑，以至最终的 10 万英镑天价的名牌包，也就是澳大利亚女演员凯特·布兰切特（Cate Blanchett）要在 2007 年奥斯卡（Oscars）颁奖盛典上提的拉娜·马克思（Lana Marks）包包，这是一款黑色短吻鳄鱼皮包，镶有 18K 金，还有白色钻石以及 35 克拉的黑钻石。然而不幸的是，她还没有来得及穿着高跟鞋走红毯，包包就在宾馆失窃了。

人们对伊特包的狂热让我想起了 17 世纪风靡一时的荷兰郁金香，当时的郁金香球茎交易居然演变成了一种经济上的歇斯底里。那个时候，一个郁金香球茎就能换到 1000 磅奶酪和两桶黄油，外加配有亚麻织物的婚床。其货币价值就相当于一座大宅的价格。

直到19世纪中晚期，框架包才出现。这完全是妇女解放的一个产物。之前的包包是丝绸、缎子材质的，链子也很精细。包上有刺绣，挂满了珠子，还装饰得很华美，当时设计的款式并不能装很多东西，主要是供女人居家用或者搭配她们的晚礼服。中产阶级和上流社会的女性并不需要我们今天所谓的手提包，直到她们离开家，四处闲逛的时候才发现其必要性。手提包是城市生活的必需品，只要想出去走走，就离不开它，再者，提着名牌包也可以赚足面子。当一位受人尊敬的女性开始使用口红和粉扑的时候，一整天，她就得不停地补妆，这时，一个手提包显得尤为重要。像爱马仕这样以马具起家的公司所生产的皮包多含有金属紧固零件（以防大街上遭窃）以及一个层次分明的内部结构，各种兜应有尽有，可以放票、化妆品、钱、观剧镜、扇子以及香烟。对于19世纪晚期的女性来说，当时的手提包肯定像索尼随身听一样新鲜。因为包包里有一个附加层，专门存放女人的神秘财物。

凯瑟琳·曼斯菲尔德（Katherine Mansfield）在其1920年创作的短篇小说《逃亡》（*The Escape*）中这样描述一个框架包和里面装的东西：

> 她把一个小小的包放在大腿上，打开银光闪闪的包扣。他能看到她的粉扑、口红、一捆信、一小玻璃瓶种子似的黑色药片、一只折断的香烟、梳妆镜，以及乳白色药片，上面还有深深的刻迹。他心想：“要

是在埃及，她死的时候，这些东西肯定都是要陪葬的。”

女士手提包里装的东西，也就是她的随身物品，犹如梳妆台或放置内衣的抽屉一般亲切。香奈儿设计的香奈儿2.55包包有一个带拉链的隔层，里面藏着她的情书。职业母亲所携带的包里装满了忧虑以及大大小小的烦心事。她的包里装的是黑莓手机和一瓶扑热息痛药，而单身女性的包包里装的是避孕套。

人们拿包的方式也是变化万千，潮流不断。没有手提带或背带的包，要夹在腋下，这样拿包的人就不能有太大的动作，这种包适合20世纪50年代那些养尊处优的贵妇。战时的肩包给了女性更多自由的空间，她们可以腾出手去拿更重要的东西。防毒面具盒对折后挂在胸前就成了一种手提包。1935年，《时尚》杂志提出了一种新的挎包方式，不再像以往那样钩在胳膊上，而是拎在手里：“我们已经看到了好几个聪明的女性朋友，把手里的包包拎来拎去。这虽不起眼，却很有新意。试试看吧。”

20世纪60年代，当我到了可以使用手提包的年龄的时候，包包的样式回到了18、19世纪的状态，拼接的、刺绣的、地毯材质的，甚至以前的军包又重现了，这些包都是要挎在肩上的，因为没有什么比框架皮包更有小资情调了。至于如何携带包包，若刻意追求，确实有些荒谬，就像有人模仿自己的母亲一样，毕竟分层皮包是成年人的专属。年轻的女孩儿们素面朝天，青春貌美，无须整天带着粉扑和彩妆四处闲逛。拿这种包的人要气定神闲、泰然自若，钱包里还要有足够多的钱，以及刚刚出现、让人不寒而栗的成年人专享品——信用卡。

20 世纪 70 年代，包再次成为职业女性生活中随身携带的重要物品，只不过它们没有了框架，而且变得更大更软，虽不成形，功能尚很完备，包口用拉链或扣子合着。20 世纪 80 年代，在英国仍然使用框架包的只有两个人，那就是玛格丽特·撒切尔（Margaret Thatcher）和英国女王。关于英国前首相的手提包，有种很荒谬的说法，让人不禁骇然。有人说，这是一种奢华的女性配饰，仿佛撒切尔夫人最初拿着手提包只是要证明自己是个女人，而不是男人，或者告诉大家她的阴道长牙。而这个手提包本身，是皮质的而且很坚硬，在她手中就好像是一种攻击的利器。可以攻击别的手提包，抑或是打击其政治敌人，朝他们的头部就是一阵猛击（我确实这么做过：1988 年，我就用我的包打了一个男人，就在圣马丁小巷现已停业的时光电影院外面，那个男的当时还失足摔倒在了排水沟里。还有一种恰当的定罪处罚，我在这里就不说了，如果我要是真说的话，会让你倒吸一口气的）。

关于手包有一种很荒谬的说法，与上文所提到的君主或首相专享的气派包包截然相反的是一种普拉达尼龙包，这种包在那不勒斯（Naples）的街头巷尾随处可见，你花一点儿钱就可以从消瘦的非洲商贩那里买到。这就是第一批赝品包。

但我总是背着母亲的包包。她在20世纪50年代购买的框架皮包，对于她现在日渐衰老的身体来说太重了。她在玛莎百货给自己买了个小蓝包，紧紧地贴身背着，因为她担心自己会成为神偷的袭击目标，而事实正是如此。于是她的那些铮亮的漆皮包、鳄鱼包还有装饰着亮片的包包就成了我的囊中物，我深深地沉迷于这些高雅的包包中，不能自拔。对身着格瑞斯夫人（Madame Gres）设计的垂褶裙的20世纪30年代优雅女性的仰慕，使得我的青春期以及二十来岁的叛逆心理有所缓解，还有那些黑色电影中极具戏剧性的女主角，也就是银幕上一个又一个的蛇蝎佳丽、凶煞恶妇：贝蒂·戴维斯（Bette Davies）、约翰·克劳福德（John Crawford）、丽塔·海沃斯（Rita Hayworth）、玛丽·阿斯特（Mary Astor）以及维若妮卡·蕾克（Veronica Lake）。不管她们有多老，无论她们饰演什么角色，她们看起来总是35岁。这是一个有着丰富阅历的年龄。如果说拎着一个手提包就标志着你已经成年了，那么我的包包就是我竭力走向成熟的方式。

当然，店里总会有适合你型号的包包，总有一款会适合你，这也正是买包包最让人高兴的地方，你不用拖着疲惫的身躯一家店一家店地逛，也无须痛苦地试来试去。镜子中也没有了愁眉苦脸。无论你多大，总有一款包包适合你，也不存在什么老来俏。诚然，你这一辈子都可以不停地买包，我母亲那一排包包不正是很好的说明吗？这些包包可以代代相传，我最近就在易趣网买了一款铬合金的1930装饰艺术（Art Deco）晚宴包，包里有个镜子，还有地方放口红和粉饼。在维多利亚和阿尔伯特博物馆的展品中就有一款包包和我的神似。

我不明白为什么其他人对包包毫无兴趣。她们一天从早到晚都背着同一个包，通常都是黑色包，偶尔会出现棕色的。再高雅的服装，配上这种乏味单调的包，格调也会逊色至最低标准。这无异于灰色文胸、破损的短内裤，只不过你看不到这些内衣而已。这种单调的包包与它本该搭配的衣服似乎格格不入，好像远离于时尚品位一样。不过，虽说这些包沉闷乏味，却是绝对必要的。

当我偶尔提及某个包包单调乏味的时候，就会遭到一些人的白眼，她们已经度过了少女那种什么都要看看搭配的年龄：什么包包要和鞋子统一格调，鞋子又要和手套统一风格之类的。不考虑这些，你照样可以生活。相反，你可以背皮包也可以背尼龙的双肩包。

*

突然间，连年收入 14000 英镑的秘书也都买起了价值 1000 英镑的手提包，因为她们在《红秀》（*Grazia*）杂志或者《热度》（*Heat*）杂志中看到了凯拉・奈特利（Keira Knightley）挎了这种包。还可能是帕丽斯・希尔顿或西耶娜・米勒（Sienna Miller）、维多利亚・贝克汉姆以及其他任何你已经快要忘记的小明星，如果 10 年后再读这本书，你甚至都会认不出她们的名字。

这一切是如何发生的呢？《时代周刊》（*Time*）巴黎时尚和文化记者在其作品《奢华：奢侈品是怎样失去其光泽的》（*Deluxe: How Luxury Lost Its Luster*，简体中文版书名译为《奢侈的》）一书中生动描述了日本人在 20 世纪 80 年代沉迷于奢侈品的景象。日本新一代的单身女性拥有大量的闲置资金，她们遍寻欧洲各种奢侈品品牌，把这些奢侈品视为身份的象征，坚信像香奈儿、爱马仕以及路易威登这样的大品牌肯定品质优越，工艺精湛。在全球化商品畅销的背景下，人们渴望获得保值的商品，这就犹如在高通胀时期做黄金投资。

随着越来越多的女性追逐爱马仕铂金包，爱马仕公司生产的产品数量也一直刚好满足顾客需求，而且他们从来不曾改变过生产方法，也没有招进更多的生产人员，因此爱马仕精品包取得了良好的社会经济效益，这是普拉达或克洛伊所不能企及的。有钱你也买不了这些精品包，你得提前订购。不过，如果你是名人，就会有人送你这种包，你无须花一分钱。有钱人和知名人物绝不会像穷人和无名小卒那样，为了买到某种产品，不惜透支信用卡。了解内情的人都明白，你不用去爱马仕店里买包包，然后还无奈地把自己的名字添到足足四年的预约名单中去。你只需要买一些围巾或钱包，并同意商品以邮寄的形式送达，那么几天后，一个精美的包包就会送到你的家里。

包包的价格一路飙升，就会让人产生一种错觉：名贵包就是人一辈子的投资。你现在花 1000 英镑买一款包包，只要爱惜，这个包就会一直陪着你，直到你蹒跚慢步穿过卡莱尔酒店（Hotel Carlyle）大厅，走向下午茶茶具台。爱马仕铂金包的确会增值，所以你在 20 世纪 80 年代购买的古董包会比本周买的包包还昂贵。只可惜，人们追逐新款包的狂热越持久，包包就会越快地惨遭丢弃，也就过时得越快。2000 年精心设计出的挎在紧身衣外香肩上的芬迪法棍包，到了 2005 年就会像维多利亚时期的系扣靴子一样古雅。克洛伊的锁头包，扣锁又大又没用，就是把握不好度的表现，结果这种包包昙花一现，让人背起来都觉得难为情。

包包不仅拥有看得见的品牌标识，还有名望。就好像你不是在买包，而是在买一种可供替换的性格。背着一款马克·雅克布精品包，你就犹如名模杰西卡 · 史丹（Jessica Stam）一般，这一品牌也正是以她命名的。这种品牌包是身份的象征——人人都能认得出这种包，也知道它值多少钱——这就是财富的标志。因为如果你标榜本季度的伊特包是 800 英镑的话，就意味着下个季度你要买一个 1000 英镑的伊特包，以此类推。包包就好比女性的劳力士手表（Rolex）。但是包包又等同于现代女性所缺乏的东西（她们不想要，或者出门不敢穿的），貂皮或黑貂皮或豹猫皮大衣。不过，据我观察，在意大利情况并非如此，在那里，女人们在冬天依然穿着毛皮服装。

如果你穿着已遭淘汰的时装，如商业街上几个月后就不能穿的束腰连衣裙（不只是因为裙子已经开线，毕竟它本来也就支撑不了多久的，还因为从 3 月初到 6 月中旬短短 3 个月的时间内，它就从必需品变成了易趣网上的下架商品），那么包包就成了你身份的象征，也是你的品位和收入永久的象征。即使你买不起伊夫 · 圣罗兰时装，你也可以买一款伊夫 · 圣罗兰缪斯包。

然而，随着奢侈品的普及，越来越多的奢侈品贬值了。只有一款名贵包并不能说明你的身份有多尊贵，你得一个季度换一款才行。奢侈品已经不能保值了。现在只有像扔普通商品一样去扔奢侈品，才能彰显自己的地位。如今奢侈品中真正有价值的是那些“一包难求”（爱马仕等候名单）或者炫耀夺目如凯特·布兰切特失窃的那款价值10万英镑的镶有黑色钻石的名贵包。

在香港，我一头扎进了一个闷热潮湿的街道，滚滚交通烟雾让我几乎不能呼吸，我的肺在惊慌中缩成了一团，迷迷糊糊地走上了一大段昏暗的楼梯，到了一个装有门铃却没有门牌的门口。当门铃响起，门被打开的时候，一个中国人上下打量了我们一番，然后他让我们进入外间，接着便把手伸向挂在横杆上的红色和服袖口里，那里有一条长绳，长绳上拴把钥匙，他把像蛇一样的绳子扯过来，打开了第二扇门，请我们进去。

我很难不带着西方人对神秘东方的固有成见来描述室内摆设（毕竟这是我第一次来中国）。室内乱七八糟，塞满了赝品包，凳子上坐着一位相貌凶恶的中国女人，这些包就是由她负责。她苗条时髦、青春靓丽的英国助理告诉顾客，他们的货口碑很好。要不是我们清楚这些包是赝品，真的看不出有什么差别。正如这个英国女孩所说，这几十个“香奈儿2.55包真的和正品别无二致，只不过便宜得不是一星半点。这些赝品和正品包看起来几乎一模一样，不仅仅是图案设计，连针脚都一样。我又看了看小一点儿的包，尤其是马克·雅可布品牌的包包，真的很难看出它们和正品的差别，后来我才得知，原来这些包和正品包都是在同样的厂家、同样的生产线上由同一批工人生产出来的。

除了爱马仕、香奈儿以及路易威登这几个品牌，有这么一种说法，说意大利设计的包是在佛罗伦萨由一个叫露西娅（Lucia）的女人手工制作的，她有着多年的生产意大利包包的经验，每天中午她都要穿着普拉达牛仔裤，骑着自行车，绕过阿尔诺河（Arno）回家吃意大利面，顺便偷点儿腥，当然，这种说法是品牌故意宣传的。贴着“意大利制造”标签的包包只需要在欧洲把包的手柄装上，其他的一切都在中国完成组装。

香港的大街小巷，几乎每个女人都拿着一款名牌包。是正品还是赝品呢？我不知道。她们挎着这些包，也和那些年轻时尚的女人们一样自信，能和这些年轻女性享受同样的奢华品牌，让她们也有了一种优越感。然而，对于懒散邋遢、体型不匀称的英国女人来说，这种形象实在让人不敢恭维。街上的这些女人，其审美品位已达到一种较高的稳定状态，这是我们其他人所渴求的，我觉得这的确很舒服，非常吸引眼球。不过，悲哀的是，在追求稳定的奢华效应以及随之而来的自信的过程中，所有的个性已经消失殆尽。我既想成为她们中的一员，又不想这样。因为，她们似乎处在一种半死不活的状态，就像注射了吗啡，已经在时尚中归于平静。不用担心。这一季度的时尚注定要被下一季度的所取代，这毫无悬念，而且也无须创新。你只需要明白自己应该拥有什么，然后走出去买回来即可。

第二天拂晓，我乘出租车前往机场的过程中，看到港口灯光闪烁，在水边城市的映衬下就像着了火一样。那些闪亮发光的并不是灯火辉煌的摩天大楼，而是码头的起重机，上面装载着集装箱运货船，这些货船要乘风破浪，把这些在广东省（与香港毗邻）生产的“欧洲”奢侈品运往世界各地。我觉得，我一直都生活在一个梦幻世界当中，一直自欺欺人，相信欧美就是物资中心，就是一切地缘政治运动之所在。

在机场的免税店，我试图买一双菲拉格慕品牌鞋。但是我的脚（英国尺码的 6 号，也就是欧洲的 39 号）比店里最大的鞋子还大半码。“中国女人可没有那么大的脚。”那个女售货员冷笑道（现如今，冷嘲热讽的人不是售货员就是书评家）。

*

回到家，我把母亲所有的包都从架子上拿了下来，重新审视了一遍。它们不仅有种皮革的味道，还一直散发着伊丽莎白·雅顿青青芳草香水（Elizabeth Arden Blue Grass）的芳香，20 世纪 50 年代以来，她就开始用这款香水了，我的手指几乎可以感知她那些叠成小块的棉质手帕，上面绣着一朵蓝色玫瑰花，角上是她姓名的首字母。

她挎着这些包参加了很多的晚宴舞会、婚礼，以及犹太男孩成年节（Barmiztvahs）。在母亲最好的年华里，我看见她兴冲冲走进酒店的电梯里，迫不及待地到街道上呼吸国外城市的新鲜空气，领略不同寻常的风格。我曾提着她的一个包包出席《时尚》杂志的 90 周年庆典。凯特·莫斯和她的放荡男友傲慢地走了进来，狗仔队们的闪光灯“咔咔咔”响个不停。那间屋子里弥漫着我母亲的气息，她的品位以及她的笃定。

我们的关系一直都很紧张，尤其是在她生命的最后几年时间里，但是这些包却成了母亲留给我的真正遗产。这种遗产的意义并不是你是否能买到这些包的原材料或者里面装的东西，而在于如何让一个好的手提包为你的服装增色，以及了解风格本身虽看似微不足道但却是时尚至关重要的元素。我所收藏的包没有爱马仕和香奈儿品牌的，犹如一堂课缺少了莎士比亚和弥尔顿，为了弥补这种缺失，我在我的包包上留下了自己独有的理解——一丝丝米勒·哈瑞丝鸢尾香（Miller Harris terre diris）香水的味道和一个个钥匙留下的淡淡的凹痕。

停尸房的气味似乎愈渐浓烈，直到充满整个房间，笼罩室内的一切。最后，雷顿太太（Mrs Leighton）说："把这些衣服拿走……我必须把它们烧了或者埋掉。它们散发着死亡的气息。这些衣服不是罗兰（Roland）品牌的，它们不但会破坏他的记忆，甚至还会让他魅力尽失。我可不愿意与它们再有任何瓜葛。"的确，你不能想象他曾经穿着这样的衣服生活与行动。你也不敢相信活人居然穿过这种衣服。

——薇拉·布里顿

(Vera Brittain)

15

深刻与肤浅：时尚和灾难

Depths and surfaces: Fashion and catastrophe

对于有些人来说，参加了那么多葬礼，穿了那么多黑色上衣、裙子、西装和鞋子之后，能穿上红色、白色和蓝色的衣服，就是一种心灵上的慰藉。红白蓝让你觉得自己还活着，依然存在于无穷的死亡和恐惧之中，你会觉得你在呼吸，生活还有意义，你得报复敌人或将他们绳之以法，这些都是公众情绪的一种体现。

我们不应该放弃对时装的喜爱。服装让我们看着漂亮，感觉舒服，这一点很重要。目前，存在两种不同的想法：一种无论发生什么，都会享受时尚，而另一种则稳扎稳打。

世界贸易中心遭遇空袭后的惨状，让人们记忆犹新，有些是人们在大街上观察到的景象：有的女人赤脚逃离燃烧的大楼，手里拿着高跟鞋。那些幸存下来的人，大多数都表示再也不会穿高跟鞋了，然而有一位女性却告诉她的家人，只要她的鞋跟能踩进那些恐怖分子的头颅，她还要继续高高兴兴地穿高跟鞋。她的身高不足 5 英尺（低了 1 英寸），在联邦广场（Federal Plaza）的联邦调查局（FBI）工作。

布鲁克林一艺术系本科生从东河（East River）的另一边看到了熊熊燃烧的大火，他记得那天早上男人们上班的时候，上身穿着系扣领衬衫、下身穿着深色宽松裤。他说："那一年，法式袖口很流行，其剪裁由开始的优雅时髦，渐渐地变成了可爱浪漫，空袭之后，着装标准和习惯忽然间有了 180 度的大转弯。每个人都在穿着舒服的衣服。我从来没有见过那么多的人手里摇晃着印有'我爱纽约'字样的 T 恤。你根本就不用买，大街上就会有人送给你。我看到有人穿着长运动裤去办公室，有的还穿着睡衣去杂货店，当时正值初秋，很多人都穿着宽松的毛衣。最初的几天时间里，我们找到干净的衣服就匆匆穿上，很少照镜子，大部分时间都在关注寻人海报，不过，没过多久，大家就又开始注重穿衣打扮了。"

葬礼总是让人肝肠寸断，却暴露了人们不同的着装风格：在为我最好的朋友致悼词的时候，我穿了一套式样传统的黑色服装，她在“9・11”事件第一架失事的飞机上遇难。葬礼上的另一个致辞的人，一大型电影工作室的负责人也相差无几，他也没有心情穿西装打领带。

“9・11”之后，服装成了一种信息。这种信息主要体现在两个方面：一个是公然的象征主义，另一个则是对灾难的藐视，像往常一样生活。大部分美国人选择了前者，他们用自己的服装向全世界彰显其爱国情怀。后者，则一如往常，动荡期过后，时尚界将其视为大灾难。

象征主义把带有美国国旗的图形融入各种各样的服饰当中。每一条街道上都可以看到星条旗，而不只是插在窗户上，悬在旗杆上，贴在栅栏上，还装饰于T恤、裤子、袜子、内衣、夹克、卫衣以及珠宝之上。上一次美国国旗具有如此强大的影响力是在20世纪60年代，只不过当时是作为一种讽刺反主流文化革命的标志，有的把国旗做成T恤，有的用国旗给牛仔裤双膝打补丁，这是一种对国旗的亵渎。嬉皮士系着美国国旗做成的印花大手帕讲述着越南战争和自己那一代人的生活状况。这一次，情况截然相反，无论是在中美洲还是在纽约以及洛杉矶，国旗在人们心中都是团结和反抗的象征。

一个女士回忆说：“我依然清晰地记得看到那么多带有美国国旗图案的时装，这种现象在‘9・11’过后持续了两年。而在‘9・11’之前，人们是绝对不愿意穿带有国旗图案的衣服的，国庆节那天阳光宝贝们穿着星条旗T恤的情况除外。当时国旗图案无处不在，我们的冰岛朋友来这里出差时首先注意到的就是这一点。国旗遍地开花，其图案免费下载量在网上是最大的，各公司纷纷将数字化机绣图案出售到家庭缝纫市场。图案设计公司也都加入了这个行列当中，还有纺织工厂;各式各样的星条旗织物被出售，从丝绸制品到摇粒绒，无一不饰有这样的图案。”

这种爱国主义的信息使得人们可以将所发生的事情带来的震撼展现给世人。你可以告诉别人自己的感受和情怀。你可以向红十字会捐款，可以支持你的总统和军队，但是在日常生活中，你得去工作，去学校接孩子，或者驱车去购物中心，那么你只有通过自己的外在打扮，你所穿的衣服，才能够表达你的感受，你的悲伤、愤怒以及决心。

一位保守派美国女性回忆起了公众情绪的突然改变：“突然间，就在那一天，诸多的幻想破灭了，大多数美国人意识到，事情不能永远都是这样，绝对不能。当我们抬头仰望天空，等待着下一次空袭的时候，一种难以名状的不安感笼罩在整个国家的上空。接下来的一年，似乎所有的美国人都患了抑郁症。这自然而然地影响了时尚界，虽然两者看似毫不相干。我知道有一种关于军队服饰的趋势预测，不过这立刻就消失了。无论在家、在车上，还是在我们的翻领上，我们似乎都想别着红白蓝的国旗图案。到现在我还放着那个水钻材质的国旗别针，很适合戴着出席各种隆重的爱国活动。我们的穿着打扮真的把我们的内心情怀表达得淋漓尽致。”

国旗时尚开始渗入到一切着装标准当中，甚至婚礼当中也不乏

其元素 :“第二年，我弟弟结婚了，伴娘都穿着鲜艳的国旗红，新娘当然是穿着白色婚纱了，婚礼现场还有大量的蓝色饰品。虽说没有国旗图案，没有星条旗，但是个中韵味还是十分明显的。”

甚至连孩子都穿着带有国旗图案的衣服 :“我们当地的小学，在家长毫不知情要不就是还未得到家长允许的情况下，直接给所有的学生订购了‘美国之鹰’（American eagle）T 恤，T 恤上传达着某种激进的信息。当时有一种假设说通过孩子进行宣传会很受欢迎。悲哀的是，对于大部分家庭来说，事实的确如此。”

国旗成为一种统一的形式。就如成千上万的人在黛安娜王妃逝世后用鲜花、泰迪熊以及皇家公园里出现的其他纪念物来缅怀她一样，国旗也成了一种国家凝聚力的标志，是人们渴望集体归属感，希望与集体同甘共苦的真实写照。个性化已经显得不那么重要了。这不是业界所理解的时尚，因为没有设计师会把国旗插在 T 形台上。这是人们对普遍情绪的草根式的表达方式，就好像在同一时间，整个美国都有着同样的感受，然后又通过服装将其表达出来。

有人感到欣慰舒适，而其他人觉得不安甚至是恐惧。不穿带有国旗图案的衣服就意味着被判出局，或暗自神伤，或有着迥然不同的想法，或者被质疑是恐怖袭击中的共犯。美籍阿拉伯人和穆斯林很快就明白了，房屋、私家车以及衣服上出现的国旗就是在向邻居们证明在新的战争中，他们位于同一条战线上，都在共同对抗恐怖主义袭击（或许有史以来第一次出现了这种反对一个抽象名词的战争）。

对于那些来美游玩或者刚抵达美国的人来说，一个国家突然如此大张旗鼓地通过服装来表达民族凝聚力，一定相当不安。一位女性在“9·11”恐怖袭击发生11天前，刚和家人一起搬到美国，她回忆了自己的一系列经历：“2001年9月1日，我们搬至美国。我记得当时我们在市中心区的商店里，看到纽约市场上那么多形形色色的服装，我们不禁惊叹。但是，‘9·11’事件之后，这一切似乎显得有些过度。对于穿着，我所能想到的就是黑色服饰，因为我们要参加那么多的葬礼，因为我们内心都悲痛万分。我现在依然讨厌黑色衣服，因为当时穿了太多太多。”

“我的儿子，也是如此，他不得不穿着某种美国T恤，对于一个受到惊吓的男孩来说，最想的就是回家，这种感觉非常不好。我还记得红色、白色以及蓝色的带子，还有大街上、商场里、商店中以及店外的商贩出售的印有美国国旗图案的别针。如果你要是不别一个国旗图案在身上，有的人就会对你有敌对情绪，就会怀疑你为什么周身没有一个国旗图案。”

那些带有国旗图案的服装生产商（有的在遥远的中国和印度）已经抓住了公众的心理，生产出了大批能表现爱国情怀的廉价上衣和裤子。在时尚方面，这种衣服就是一种灾难，不过就像是附着在世贸大厦遗址周围城墙上手写的诗歌一样，因为有的诗歌确实通过一种必要而有限的方式，表达出了难以言传的情感。如果这些衣服和诗歌比较粗糙，略显伤感，我们或许不应该对其过于苛责。毕竟他们不是时尚设计师或者作家。你不可能指望一个普通人会通过一件 T 恤传达出什么意味深长的话语，正如你不能让一位诗人做把椅子来悼念世贸中心双子塔中的亡灵一样。

对于有些人来说，参加了那么多葬礼，穿了那么多黑色上衣、裙子、西装和鞋子之后，能穿上红色、白色和蓝色的衣服，就是一种心灵上的慰藉。红白蓝让你觉得自己还活着，依然存在于无穷的死亡和恐惧之中，你会觉得你在呼吸，生活还有意义，你得报复敌人或将他们绳之以法，这些都是公众情绪的一种体现。

其他人把时尚当作一种方式，可以让时光倒流，停驻在那个可怕的早晨到来之前的美好时刻："有一件事情，我记得非常清楚。'9·11'事件之后的一两天（我当时住在纽约），由于学校还处于停课状态，我仍然在家待着。我去了一家药房，买了一瓶新的指甲油。我现在觉得自己当时是在竭力说服自己一切都恢复正常了。我可以像以前那样享受一切让我开心的事情了。那犹如一种回归正常生活的方式。我一直都很喜欢指甲油。但是我付过钱之后，那个女孩的脸色，我依然记忆犹新，犹如今天刚发生的事情，她告诉我：'如果你可以的话，祝你今天快乐。'"

*

作为对袭击事件的回应，时尚界并没有生产出大量高雅的带有国旗图案的服装，当然你在沃尔玛可以买到很多这样的廉价涤纶 T 恤，而宝石匠照样生产各种红宝石、蓝宝石、钻石项链、胸针、耳环以及手表。美国“9·11”恐怖袭击事件发生于时装周的开始，这是全球首批秋装系列展示，将继续在伦敦、巴黎和米兰巡演。很多国际媒体发现，当天在纽约，他们唯一目击这一恐怖事件的“记者”就是时装编辑了。美国已经封锁了海陆空边境。新闻工作者根本进不去，而时尚编辑则出不来。他们有谁知道奥萨马·本·拉登（Osama bin Laden）和基地组织的名字，或者了解世界上其他诸多国家对美国的愤恨，对其肤浅的重商主义以及让人深恶痛绝的战争的强烈不满呢？

时尚陷入了困境，无事可做，也没有语言或政治背景来表达刚刚所发生的罪行，突然，时尚有了一面可以影射自己的镜子。不一会儿，就看清了别人对待时尚的态度，认为时尚庸俗不堪，毫无意义。从事时尚写作的人，往往是在艺术学院受过专门培训的，他们并没有掌握足够的词汇来描述恐怖事件。的确，时尚一直在努力寻找合适的语言来传达其所了解的一切，如果有谁指责时尚空虚无聊，说它固执（往往有英勇的一面），对事实听而不闻，那么他们就是在揭露这么一个事实：9月11日，位于麦迪逊大街的伊夫·圣罗兰时装店刚收到了一批价值2500美元的带有泡泡袖的紫色丝绸吉卜赛衬衫，恐怖袭击刚过，当天就有40多个电话打进来询问时装店是否还在营业，衬衫是否还在出售。

业界关心的是时装表演是否可以继续，是否可以无视那些茫然无助，依旧举着失踪者照片徘徊于世贸大厦遗址的家庭的痛苦。结果，余下的所有的时装表演都被取消了。设计师们只邀请了一小部分买主和时尚编辑来到其工作室。效力于古琦的汤姆·福特[1]（Tom Ford）一直在策划着举办一场脱衣舞会，让模特们从高处降下，然后在观众中跳艳舞。后来他告诉《纽约时报》:“很显然,我得打消那个念头。”

业界在考虑伦敦、巴黎和米兰三地的时装演出是否可以继续，他们发现在面对恐怖行动之际，欧洲显得更加坚强，不像美国那么庄重严肃。如果时尚在第二次世界大战期间一直都能延续的话，那么现在也就没有必要将其放弃。正如福特所说：“我对我的时装表演已不敢多想了，因为‘9·11’事件之后，谁还在乎时装呢？那就是我在纽约时的心境，但是五天后，我抵达伦敦的时候，感受截然不同。在欧洲，人们也曾不安，但是他们还是熬过了第二次世界大战。他们已经经历过了令人毛骨悚然的灾难。之后，我心想，我们还不至于步入黑暗的深渊，还没有到面对极简主义迷雾的时刻。”

福特说欧洲人对待恐怖主义的态度迥然不同，这是正确的。在“9·11”事件之前，除了内战，美国大陆还从未遭受过外界袭击。五年后，在伦敦，恐怖分子轰炸运输系统两天后，牛津街就恢复了往日的拥堵。

---

1. 汤姆·福特：1986年毕业于帕尔森设计学校，起初以建筑学为专业，曾经先后供职于凯西·哈德维克和佩瑞·埃利斯两家公司。1990年，国际一线时尚品牌古琦的创意总监道恩·麦罗将汤姆·福特招至麾下，担任女性成衣的设计师。汤姆·福特的时尚眼光和艺术天赋在这段时间内得到充分的发挥，很快他就被提升为古琦的首席执行官。（译者注）

塞尔福里奇百货公司销售活动的最后一周周末，我买了关注了好几个月的芙拉手提包。我之所以敢去塞尔福里奇百货公司，是因为我明白恐怖主义的主要目的就是让你觉得恐怖，把你吓得不敢出门，我可不想让自己的情绪被别人控制，哪怕他是远在阿富汗一个山洞里的男人或者是电视屏幕上所呈现的那四个被抓捕的约克郡（Yorkshire）青年男子，他们背着盛满炸药的背包，走进了地铁，就像是一群年轻热心的都市漫步者。

那个周六的上午，我走了出去，因为我知道，如果我不走出去，我或许永远不能再乘坐地铁旅行，我的世界将处处受限，我就无法再在这个我生活了 22 年的城市里生存。倘若没有了地铁，我就会被逐出城外。

女售货员和我从同一条地铁线路进来，我们都见证了令人紧张不安的场景，武警拿着冲锋枪站在国王十字区的站台上，我们慢下了脚步，但是没有停下来。下面，救援人员依然努力从深埋的隧道里挖掘死者支离破碎的尸体。地铁上的乘客都沉默不语。我注意到，在一点上，炸弹袭击者并没有改变我们的生活方式。我们伦敦人一如往常，还是在竭力避免眼神交流，或关于任何敏感问题的交谈。

所以女售货员（她很年轻，至于信奉什么教，我没有问，可能是穆斯林或锡克教或印度教）和我共同享有了片刻的安慰。那天上午，她太害怕了，不敢来上班，那是恐怖袭击过后她第一天上班，但是她又担心丢掉工作。她一到那儿，店里年长一些的女人们就开始追忆20世纪70年代爱尔兰共和军（IRA：Irish Republican Army）轰炸牛津街的情景。

“他们早就摆脱了那场灾难，”她说，“由于今天是销售活动的最后一个周末，我们的商品打九折，所以你来我们店，真是明智，因为你买那个包真是太划算了。”

轰炸事件过后两天，伦敦市中心就完全恢复常态，这或许是一种麻木的表现，但就算不说，我觉得人们一般也会回忆起那近乎虚构的过往，也会忆起那种“伦敦大轰炸的精神”。之前，我一直在怀疑它的真实性，认为不过是政府在新闻报道中做的宣传，画面中那些快活的伦敦腔竟然还带着笑意。有一幅很有名的照片，一个送奶工人反复通过遭受轰炸的街道，结果证明，他根本不是真正的送奶工人，而是在演戏。但是在伦敦地铁和公交车爆炸事件之后的几天，我发现了一种强烈的团结精神，不见得是一种政治上的团结一致，而是觉得像伦敦这么大的城市，根本不会被恐吓到。从面积来看，伦敦确实太大了。你可以继续生活下去，我们中的大多数也的确继续生活下去了。最后一个周末的牛津街，销售活动并没有任何反常，我为之感到高兴。

但是，在纽约，“9·11”事件过后，零售业崩溃了。波道夫·古德曼（Bergdorf Goodman）预料到人们会停止购物，就取消了设计订单。川久保玲（Comme des Garcons）和克里斯汀·拉克鲁瓦的一批批服装正在运往美国，只是没人会买这些衣服了。一个月后，也就是阿富汗战争爆发的第三天，巴黎时装秀开始了，入场口还安置了 X 光机和金属探测器。*Vogue* 杂志美国版编辑安娜·温图尔（Anna Wintour）只是象征性地露了一下面，美国只有三家百货公司安排了采购员，分别是巴尼斯精品百货店、布卢明代尔百货公司和亨利·班德尔公司（Henri Bendel）。

在伦敦 *Vogue* 杂志编辑部，亚历山德拉 · 舒尔曼（Alexandra Shulman）正在精心准备圣诞特刊。她把一些身穿英国国旗的女孩的图片用作封面，标语是“时尚之魄力，英国对美国国旗时装的回应”。她说，*Vogue* 就是逃离现实，带我们走进一个充满想象的世界，在那里到处都是我们永远都不会穿的服装，也更不可能拥有这样的服装。针对这种现象，你如何才能够保持清醒，认真对待呢？无论他们做什么，都是不妥的，都会冒犯别人。时尚不能把自己所专注的表象与隐藏其下的真相融合在一起。

然而它对表象的深刻理解，使得时尚杂志得以忽然间准确寻觅到某些意象来传达美国人民的感受 :“对于我来说，依然萦绕脑海的是印在 2002 年 9 月《造型》杂志封底里的一张图片。图中是纽约的天际线，一只手托起了双子塔明信片，其所处的位置正是双子塔所矗立的地方。奇怪的是,一个时尚杂志竟能如此准确地触动我的心弦，倘若时尚不是干这行的，又怎会如此。”

“9 · 11” 过后，*Vogue* 杂志英国版首期完整版采访了一些女性，问及纽约空袭事件对她们的购物习惯带来了怎样的变化。很显然，除了起初有些许震惊之外，这些在外地的美国人，其生活并没有受到什么影响。伦敦设计博物馆负责人爱丽丝·劳斯瑟恩（Alice Rawsthorn）这样回复道：

> 我能理解空袭后人们为什么停止购物。第二个周末，我匆忙来到 A La Mode 商店，取我几周前订的马克（Marc）牛仔连衣裙，结果被告知衣服还没有到，因为想从纽约进任何货物，都是不可能的，那一刻，我觉得自己很肤浅。

在受访者中，把购物作为一种麻醉手段或逃避方式的有很多。珠宝设计师 J . 马斯克里（J. Maskrey）就在经历一种消费狂热：

> 事情发生后，我买了很多东西。我从杜嘉班纳买了一顶皮革呢帽，又从路易威登买了一个小旅行包。太震惊了。我心想："省钱有什么意义啊？"这次袭击让我想通了一些事，这种时候最该做的就是花钱、享受。如果我现在不善待自己，更待何时？

琼·伯斯坦则从长远考虑：

> 对于我来说，这再清楚不过了，一切都得向前推进——这就是企业的经济之所在——但是我们必须保持警惕。我们不应该放弃对时装的喜爱。服装让我们看着漂亮，感觉舒服，这一点很重要。目前，存在两种不同的想法：一种无论发生什么，都会享受时尚，而另一种则稳扎稳打。对于我而言，轻松愉快很重要。我恐怕要少买点儿布朗斯百货的商品了，但是再想想，我就会去买春夏新款。女人多少都会沉溺于自己所喜欢的，但是她们购物的时候会变得谨慎。我依然记得上一场战争：我

们还要继续生活下去。

听到美国遭受袭击后，我的第一反应就是目瞪口呆，不敢相信，不愿接受事实的真相。当时，我在家里。我姐姐不久前刚搬到华盛顿，她给我打电话讲述第一架飞机撞击的场景，那时我们还都觉得这是一场悲惨事故，于是我打开电视，看到了第二架飞机猛冲向第二个塔楼。我当时认为，难道那个白痴的飞行员想仔细看看情况。但是紧接着，你就听到了还有很多飞机，听到了“恐怖主义”这个词。你顿时就麻木了，因为你真的不知道到底发生了什么，或者说这是谁干的，直到我给一个朋友打电话，才有所了解。他是一位新闻摄影记者，熟知世界上其他一些我所陌生的地方。我没有看地图，只听他说或许这是阿富汗某个集训营的一个恐怖组织所为。我问他是怎么知道这些的，他说他每天晚上都花一个小时的时间在网上浏览此类事情，没有这么做的人就没有发言权。

第二天，有人为逝者悲恸万分，有人在电话应答机上听着自己即将逝去的亲人的留言，一切如噩梦般。一时间人们陷入了深深的恐惧当中，对恐怖分子憎恶不已。天空安静而空旷。伦敦也静得出奇。我们没有出去，我们不再参加宴会，我们确信自己将会是下一个罹难者。

但是我记得最清的是人们的争吵声，他们尖声谴责的不是开着飞机撞向双子塔的飞行员，而是美国的外交政策，通常指责的都是美国人。有人对我说：“你只需要看看《老友记》(*Friends*)，就能明白美国人有多愚蠢、多肤浅。”你被逼无奈，不得不去关注政治和舆论。不管你愿不愿意，你都得去听别人的观点。连那个只能向我这种外行人解释怎么配钴蓝色的纺织品设计师都自学成才，变成了一个对中东问题了如指掌的专家。

“9 · 11”事件后，我从 *Vogue* 杂志的头版所看到的是他们的无所谓。我们一生之中都在梦游，我们是异常幸运的一代人，在战争之后出生，享受着国泰民安，连连好运，没有任何恐惧或威胁。然后，一个月后，在芬威克（Fenwick）看到一整排的手提包，我想到的是那些身处阿富汗的女性，她们穿着传统的长袍，像蓝色幽灵一样战战兢兢地游走在喀布尔（Kabul）坑坑洼洼的街道上。

*

“9·11”过后的一两年时间里，随着经济复苏，时尚也大力回归，其势头极其猛烈，消费者的强劲购买力让人目瞪口呆，甚至时尚界也为之震惊。当纽约遍体鳞伤的时候，全球一些超级品牌如 Zara、H&M、GAP 以及 Mango 都纷纷模仿时装秀，在时装店里还安排了为期 1~2 周的展演。时尚循环周期为 6 周。时装店进了一批货，一个月后就清仓甩卖，为新的服装腾空间。再也没有什么整个季度都流行的时装，基本上每个月甚至每周都会有新款上市。

之前突然笼罩着我们的情绪，什么生命是如此脆弱啊，某些不知名的角落里有人在忍受着贫穷、狂怒与羞辱，这些悲天悯人的情怀都一去不复返了。你得调整状态去适应现实。“9 · 11”事件的余波最终带来了持续的消费热潮，或许可以用活在当下的心态来解释这种现象。一些时尚达人在恐怖事件发生之后一两周时间内接受了*Vogue*杂志的采访，他们仿佛长出了时尚的触角，居然早就知道了未来要发生的这种情况。当你凝视黑色深渊的时候，你并不想一步步走向深渊，而是努力想要回到表面。时尚的肤浅、所有无关紧要的特质，如颓废堕落、粗心大意、自私自利以及唯我主义在“9·11”事件后展露无遗。

这难道表面上是对时尚业的起诉，而实际上则是对人性本身的控告吗？莫非“9·11”事件让我们变得更加清醒，不得不去勇敢面对贫穷、不平等以及怨声载道的现实吗？或许应该是这样，但事实并非如此。

因为时尚的关键就在于表象，就在于时间的流逝。最终，国旗从窗户上落下，星条旗T恤挂在衣柜里，再也穿不着了，而那红白蓝的别针也在珠宝盒里尘封着。带有国旗图案的时尚一去不复返了，当然，时尚料知会是如此。

我们回归到自己本来的样子，继续享受乐趣。我们无穷尽的需求使得商店得以存在。我们不再像9月11日上午那般年轻，我们明白自己的穿衣打扮必须要顺应时势，紧追我们这一时代的潮流。

逝者静坐在相架里，他们或许还穿着婚礼当天穿的礼服，或者那天午后他们正在海边吹风，或在沙发上打盹，抑或是在一个万里无云的早上，最后一次穿衣打扮之后，动身去工作……

这就是我们缅怀他们的方式，一位面带微笑的新娘或新郎或大学毕业生，就穿着那件衬衫，那条裙子。我们继续着我们的生活，继续穿衣打扮。我们别无选择。

16

凯瑟琳·希尔：我就是时尚

Catherine Hill: I am fashion

数年之后，凯瑟琳就会明白为什么衣服能给我们带来如此大的安全感。她相信，如果当初他们穿着衣服，情况会截然不同——即使纳粹党人只剃光了他们的头，仍然让他们穿着衣服，结果也会不一样。现在她意识到，在她余生中，她一直在为自己赤裸的身体穿衣服，也在为她在营地里见到的赤裸的女人穿衣服。

我想我是幸福的，因为我知道差别在哪里。悲与喜之间的悬殊，我深有体会，我有过两种极端的境遇。到现在，我依然很惊讶，自己居然能死里逃生。我依然心怀希望与憧憬。我相信我定能活很久。我觉得我的灵魂依然年轻。

凯瑟琳·希尔出生在科希策（Kosice），但是她仍以原来的匈牙利名字——卡萨岛（Kassa）来称呼它。在欧洲中部和东部，城镇几乎随处可见，它们是沿海地区的不稳定因素。在 20 世纪，科希策城镇的居民们每半小时就要跑到当局者那里更换证件，一刻也不得闲。

第一次世界大战结束，这个日渐衰败、闻名于世、拥有多语种人口的奥匈帝国解体，这座作为匈牙利的一部分的小城市已经沉睡了几百年。第一次世界大战结束后的那一年，科希策被压迫的工人们可以享受整整一个月的假期，在此期间，他们是匈牙利的无产阶级傀儡政权斯洛伐克共和国的公民，直到布拉格的军队冲进这座城市，并明确宣布了它属于捷克斯洛伐克。这在 1920 年的特里亚农条约（Treaty of Trianon）中得到了书面上的确认。

这些对于凯瑟琳来说都不重要，因为在她看来，她是匈牙利人，匈牙利语是她的母语，不是捷克语或德语，也不是意地绪语（Yiddish）（匈牙利裔犹太人的中产阶级不说这种语言）。

科希策的面积有多大？她说其大小刚刚好（根据官方统计数据，1942 年的人口为 67000 人，其中约有 11% 是犹太人）。她将科希策描述成一座小城市，忙碌中不失休闲娱乐，既有工厂也有咖啡馆，不是焦点城市，也不是首都，但是却有足够的都市生活来激发一位聪明的女孩。

“我只知道我可以走着去上学，去咖啡店。”凯瑟琳回忆说，“我一直记得我父亲以前常常下棋，玩多米诺骨牌，而且教我怎么玩。”若是晚饭做好了，而凯瑟琳的父亲还没回家，还在棋盘前弓着身子、托着下巴思考着棋局，那么她母亲就会让她去咖啡店把父亲叫回来。而凯瑟琳那时总是不明白为什么母亲非要这么做，非要扫父亲的兴。凯瑟琳说：“这么做，我很不情愿，但是我不得不尊重母亲的意思，因为全家人要共进晚餐，并且父亲也总是遵从。那时，我们常常一起走回家，回到家晚饭已经准备好了。后来我从未回过科希策，但是我记得我们有这样一个温馨的家庭，在客厅有一个烟囱，在冬天，母亲常会烤栗子。两年前我来到维也纳时，我看到栗子浓汤，就想起了母亲烤的那些栗子。”

那个时候，凯瑟琳叫凯瑟琳娜·多伊奇（Katerina Deutsch）。她母亲来自一个富裕家庭，家里是做纺织品生意的。凯瑟琳回忆说，她母亲告诉她有一天她走进一家小店，可能是一家鞋店（她记不太清楚了），在那儿，她看到了她未来的丈夫。他长得真的太帅了，母亲爱上了他，之后嫁给了他。后来，这对年轻的夫妻一起开了一家店，专门设计和加工羽绒被。

凯瑟琳的母亲是个循规蹈矩的人。她说：“我母亲与父亲完全不同，她更加严肃认真。我的父母长得都很标致，我父亲是个完美的服装师，他喜欢观察穿高跟鞋的女人。”

对于犹太家庭来说，服装几乎和食物一样至关重要。无论是在科希策、突尼斯、芝加哥还是在曼彻斯特，都有一些普遍的传统：在重大节日，诸如犹太新年（Rosh Hashanah）、秋季的赎罪日（Yom Kippur）以及春天的逾越节（Passover），你都要穿上新衣服（最起码看起来是新的）。我不知道这对自己和上帝的关系有什么影响，但是它能告诉你很多关于生存下去的愿望，也让你的邻里知道你一切顺利。所以每当凯瑟琳收到新衣服，黑漆皮鞋、白色袜子以及新裙子的时候就意味着宗教节日的来临。上帝可不允许你邋遢地走进犹太教会堂。

集会后，一家人就步行去一个宗教家庭与他们共进午餐。她回忆起了逾越节的特色佳肴，想起了母亲清理碗橱来纪念从埃及归来这一历史事件的情景，还有十二瘟疫、杀死长子、渡过红海等事件。凯瑟琳喜欢把无酵饼泡在牛奶里当作早饭。她母亲厨艺相当精湛。

有时，她特想回到故乡，看看还能否找到父亲当年玩多米诺骨牌和下棋的地方。她想起了他们公寓大楼的天井，想起了磨剪子和刀具的男人，还有冰激凌制造机。她用“田园诗般的”字眼形容自己的童年生活。是的，她说：“我的生活如田园诗般美好，我没有经历任何死亡和疾病。我知道我母亲的双亲已故，但我父亲的祖母尚在，我夏天的时候常去拜访他们。那也许是一个农场或者乡间别墅，我只记得他们有一间漂亮的大厨房，小狗就躺在地板上。我的姑姑经常来，她女儿也在那里，我时常在田间走来走去。小麦在不断长高，蔬菜也日渐成熟——十四五岁的我是如此地自由，夜晚可以出去，可以沿着街道漫步，没有人去管束。”

凯瑟琳去其他孩子家里参加生日宴会。她回想起自己站在窗户旁边，向花园眺望，预感到自己的生活会截然不同，科希策不会是她的生活之所在。她充满了好奇心和冒险精神。沿着城镇的街道闲逛，她会抬头看看人家的窗户，想想谁会在那里生活，又过着怎样一种生活。那个时候，她就明白，人们的生存方式不止一种。

1938 年，科希策突然又回归到匈牙利，基于利害关系，政府与第三帝国建立了政治联盟。

她家里没有谁知道将要发生什么。他们是匈牙利人——他们的政府不会抛弃犹太人，那是他们对匈牙利的无限信任，他们觉得作为犹太人，虽然略有差别，但仍然是匈牙利人。然而该来的还是以迅雷不及掩耳之势到来了，时间的车轮急速行驶，他们几乎还来不及去计划或逃离。忽然之间，凯瑟琳在衣服上缝上了黄星[1]。这样的衣服又能说明什么呢？它们会告诉世人，你是犹太人。

所以，他们在什么衣服上面缝这些黄色星星并不重要，无论是一件丝绸礼服或是一件工作衫，但是所传达的信息是一目了然的。只有一层含义。除了中山装，这些布制的星星是有史以来最民主的衣服装饰了。无论质量如何，衣服的剪裁怎样，所有佩戴黄星的人

1. 第二次世界大战时期，德国纳粹疯狂迫害犹太人，纳粹控制下欧洲地区的犹太人都被迫佩戴黄星标志以示区别。黄星上的文字为“JUDE”，意指“犹太”。黄星是纳粹德国对犹太人的一种侮辱。（译者注）

都将沦为一种人。

在家，他们谈论着设法到巴勒斯坦去，他们有钱，她父亲想去，但是母亲安于现状。这是唯一一次凯瑟琳抱怨自己的父母，他们相信一切都会好起来，这是一种愚钝的本能。她想起了，几年以后，魁北克分离主义分子开始在蒙特利尔进行轰炸和绑架，一有机会，她就离开了这个地方。

她想一切靠自己，这时她在街上遇到了一个男人，并认出了他曾去过他们家，当时他是一名军官。

“我说我想和他谈谈，这是我做的最危险的一件事情，因为他是一个单身汉，而我那时候才 15 岁，我不知道意味着什么，然后他说，过来吧，我愿意跟你聊聊。我记得当时和他坐在一起，他注视着我，就像在盯着一个女人，一个性对象。我说，我们需要一些帮助，我觉得犹太人要面临一场灾难。但是他的眼神，让我畏惧，我想让他帮助我们，给我们一些建议，但是我所看到的只有危险，于是我就离开了。”

1944 年，对匈牙利犹太人有计划的屠杀和灭绝开始了。斯洛伐克的犹太人首先被驱逐出境，科希策 12000 名犹太人被押到火车上，先被带到贫民区，又被送往死亡集中营。

家人被聚到一起。他们收拾好行囊，准备好了去某个地方，他们希望去劳动营。他们认为劳动意味着什么呢？我们要穿什么衣服来面对不可知的未来呢？东欧和中欧被驱逐的都市人连续几代都没有碰过那些粗糙的工具了。前方是一次意义重大甚至会改变人生的旅程，凭直觉，他们要为之好好打扮一番。

她的父亲穿上了西装，母亲穿上了连衣裙，还在裙摆处缝上了珠宝，一旦他们需要钱的时候还能派上用场。在大屠杀时期，那些在衣摆和衬里缀满的金银珠宝并没有给任何人带来好处，当然，除了那些蛮横无理的掠夺者以外。

凯瑟琳心想："这下好了，我们将要去冒险，去旅行，去囚犯劳动营了。到这个时候了，内心还能如此纯净，真是不可思议。"

她想到了当时在家乡透过窗户观察人们生活的情景，傍晚时分，人们或埋头读书，或专心缝纫，在流苏灯发出的琥珀色光芒下忙碌着，然而再怎么好奇，她也难以触及人类无穷的想象力：人性到底是什么样子的，人类的痛苦呢？

集聚在一起，他们当众小便，臭气熏天，让人简直无法呼吸，当时他们没有窗户，只有一点点水。

大概过了三天，家畜车的门打开了，她看到了党卫军[1]（SS men）和狼狗。她说："额……那是我第一次意识到，这并不是我所追寻的冒险。"

接下来，一切进展很快。她不知道自己身在何处，她不知道这就是奥斯维辛 - 比克瑙纳粹集中营，他们现在就站在著名的坡道上，

1. 党卫军：为了填补阿道夫・希特勒突击队的空缺，党卫军于 1925 年 4 月成立。党卫军成立初期仅为希特勒的卫队和对付政敌的工具，中期隶属于冲锋队，规模很小，一支队伍仅 10 人左右。（译者注）

火车就是从这里进站的，人们从这里下车，身上还穿着漂亮的衣服，行李箱里还装满了红色的高跟鞋，之后他们就由党卫军接管，这些人掌握了生杀予夺的大权，而这种大权一直被视为是上帝的特权。

凯瑟琳的母亲很高（就跟凯瑟琳现在一样），身材很好，但是太累了，体力渐衰。凯瑟琳四处看了看，父亲已经不见了，她抓住了母亲的手。

“到现在我还不明白，我一直在问自己，他一个德国人怎么就能够决定谁往左走，谁向右行？是的，我母亲还年轻，可以充当劳力，但是我还拉着她的手，我觉得他们完全看得出我们的关系，但是他们就是如此残忍，故意将我们分开。他们不仅知道要把一些人送进毒气室，而且还想通过让他们骨肉分离来刻意伤害他们。他们说选择是随机的，但是我觉得肯定不是那么简单。个别德国人内心充满了仇恨，他们从希特勒那里得到了太多的教化，在杀你之前，看到你骨肉分离、妻离子散，他们就会很满足。人性所暴露出的最邪恶的一面莫过于此，因为在将你杀死之前，最致命的就是把你和你心爱的人活活分开。

“我直视他的眼睛，他也看着我，让我去那边，我不同意，但是他坚持让我去那边，那一瞬间，我还想说要跟母亲在一起。但是我还是松开手让她走，也或许是她松开了我的手，具体是什么情况，我真的不知道了。或许当时我被催眠了，记不清了。但是那一刻，我清楚，他们安排我走另一条路。

“当时我不知道焚尸场，直到我们经历了脱光衣服、刮面、文身等一系列流程，直到我进入兵营，我才搞清楚状况。有一些犯人头目很热心，他们是波兰人，已经在那里待了很多年了，他们帮助德国人监管犯人。他们立即告诉了我们真相。他们是在警告我们这里的危险呢，还是只是好心告诉我们事实呢？看那浓烟，我记得他们其中有人说，看到烟是从哪里冒出来的吗？他们就是在那里把人给烧了。我想那人肯定就是想吓唬我，他太可恶了，我难以相信，因为一切发生得都太快了。”

一个十几岁的少女，孤身一人，周围都是陌生人。她不知道父亲在哪里，他消失得无影无踪。她的母亲已经被直接送进毒气室了。她真是孤苦伶仃。（顺便说一下，他们所带的衣服，西装、连衣裙、缀有宝石的裙摆、皮衣、舞鞋等都被搜走了，一大堆的衣服分门别类后就被运回德国，供那些平民百姓穿戴，他们忍受了城市夜晚遭受空中轰炸的压力，希特勒把这些衣物赏给他们，也算是一种回馈吧。就这样，皮衣、鸡尾酒和连衣裙又一次出现在咖啡馆和夜总会，而它们的前主人却赤裸着躺在乱葬岗。纳粹党人将其循环利用了。）

时间到了 1944 年。这时凯瑟琳已经在匈牙利的一个小城镇生活了一阵子，周围都是中产阶级的犹太人。她看见了之前从未见过的事情。赤裸着的人体，其差异之大让人惊恐。成百或者成千上万的女人，形体各异，高矮胖瘦也都不同。年轻的女人，乳房在众目睽睽下长大，阴毛也出现了。有的女人，乳房和腹部都明显下垂。有的腿很长，有的腿很短。有的长着圆润的臀部，有的没有腰身。有的臀部很大,有的臀部像煎饼一样扁平。她们都站在那里,赤身裸体,不停地颤抖，头发被剃光了，手臂上还用墨水文上了记号，这就是臭名昭著的奥斯维辛集中营的文身，这种恶行在其他任何营地都不曾有过。

最初令凯瑟琳感到崩溃的是其残酷的行为，不只是因为他们被关禁在一起，还因为他们全都赤裸着，没有一点儿安全感。多么羞耻啊。让他们羞愧的不只是性的原因，还因为身体上的瑕疵暴露给陌生人之后的难为情，就那样在光天化日之下，所有人都能看到自己竭力通过漂亮的装扮所掩饰的丑陋，体形顿时不再苗条，不再青春靓丽，有的形体实在是令人万般尴尬。

之前，凯瑟琳只在镜子里看到过自己的裸体。和其他女孩一样，她看着自己，觉得自己很美。然而，现在她明白了党卫军如何观察她们的胴体，真是淫乱好色。或许他们会想，他们就是要让这些罪犯失去人性，把他们变成行尸走肉，但是你不会渴望一块木头。后来凯瑟琳心想，或许因为匈牙利犹太人是他们运送的最后一批犯人，也是搜刮欧洲其他地方之后他们所能找到的最后一批犹太人，因为继匈牙利之后，他们再也找不到另一个国家，可以如此尽情地欣赏女人赤裸的身体。

数年之后，凯瑟琳就会明白为什么衣服能给我们带来如此大的安全感。她相信，如果当初他们穿着衣服，情况会截然不同——即使纳粹党人只剃光了他们的头，仍然让他们穿着衣服，结果也会不一样。现在她意识到，在她余生中，她一直在为自己赤裸的身体穿衣服，也在为她在营地里见到的赤裸的女人穿衣服。甚至对于我们这些没有过如此恐怖的集中营经历的人来说，对奢华的欲望，对漂亮衣服的追求，同样也是对贫穷、疏忽以及残酷行为的报复。

“我想他们的确影响到了你。不管是谁设立了这样的体制，他们触及到了你的裸体，只有动物一直穿着自己的毛皮。你看到了人体的瑕疵，不同形状的乳房。这是我第一次意识到我的身体和别人的不同。我过去常常去匈牙利俱乐部，游泳池，周围都是人，他们看起来很好看，我就认为每个人都很漂亮，所以，这次真相被揭露了——人们的肚子外露，赤身裸体地聚在一起，默不作声。这是最奇怪的事情了，但是我没有听到哭喊声，每个人都像打了麻药。我认为这是一个很沉重的打击。”

从小到大，凯瑟琳都有一头乌黑的秀发。她母亲给她编了辫子，还系了丝带。然而，现在，她的秀发被剃光了。

直到现在她还是不喜欢秃顶。她不喜欢秃顶的人，当她看到癌症病人因化疗头发脱落的时候，就会心烦意乱。每当她看到秃顶，她就想起了奥斯维辛集中营。她的头发被剃光了，穿着统一的粗麻布制成的条纹连衣裙。不知何故，她开始异常在意自己的外表，尤其是耳朵。她现在在想，耳朵可以反映她的形象吗？那里难道真的有一面镜子吗？似乎不可能。或许她只是在观察别人，看看他们的样子。她只记得当时清楚地知道自己的耳朵外凸，就像驴的耳朵或克拉克·盖博（Clark Gable）的耳朵，特别是她去看电影《乱世佳人》的时候，更是注意到了这一点。

一大早就要点名。党卫军开始点数。这看起来很白痴。你能去哪儿？又能往哪儿逃？他们可以让你站在那里的，为什么还要点名呢？

“这个条纹的东西，真是太长了，我所能想到的就是，天哪，我太冷了，我没有头发了，但是我的耳朵，我要采取点儿措施。我拿起裙子，从裙子底端扯下一条布，将其绕成圈，然后戴上了，我做了一条缎带，然后系上去，不禁说到，太美了。我仿佛觉得是母亲在为我系丝带，这给了我片刻的满足。”

她做了一条缎带，将其系成蝴蝶结，盖住耳朵，就形成了一顶帽子，一种女帽，这一行为对她的一生都有着决定性的意义。这种人类的虚荣心，这种对穿着和外貌的在乎以及与母亲之间的深厚感情（母亲以前常在她的辫子上系上丝带，但是现在失踪了，被谋杀了）就是她在奥斯维辛集中营的转折点。这会让你和其他女人产生共鸣，感叹人与人之间是何等的不同，他们身上什么也没有，除了皮肤和阴毛，他们在阴冷的露天处瑟瑟发抖，那些守卫监视着他们，或充满嘲笑，或冷漠无情，或淫荡好色，想必他们之前在妓院或脱衣舞表演中从没有看到过这么多裸露的女性肉体吧。

凯瑟琳处在了风口浪尖。“我想德国党卫军会认为这是一种挑衅。我们成百上千的人站成排，每个人都厌倦疲惫，但是你能很自然地看到一个人站在那里，头上还缠着条纹缎带。我所能记得的就是四五个人走了过来。他拿着一个棍棒或什么东西，示意一个女性盖世太保（或许是一位犯人头目）把我带过去，于是我就站在了他面前，他问我这是什么。我其实是会说德语的，我们家之前有一个德国女仆，但是他还有一个匈牙利语口译员，他问我在做什么。我用断断续续的德语答道，我想看起来漂亮一些，这是我先说的。还有就是我冷，听罢，他就开始大笑，因为他觉得这是天底下最大的笑话了，我运气太好了。

“于是他就发号施令，我得把它拿掉。我只记得他们把我安排到厨房，给犯人分汤。第二天，一个在厨房工作的波兰女人对我说，你差点儿就要被杀头了，你不能做这样的事情！但是最起码我不用去毒气室了。

“现在想起这一点，我的初衷完全是出于美，这让我得到满足。我只是本着自己的欲望行事，根本没有什么目的。他们可以当场杀掉我，但是他们不能剥夺我做女人的欲望。哪怕是在最丢人的情形下，比方说饿了，他们也不能让我失去尊严。我的父亲有很强的幽默感，我也一直在努力从最坏的事情中找寻积极的一面，所以我一直怀有希望，一直渴望一切会好起来。”

接下来的几个月里，凯瑟琳一直穿梭于奥斯维辛 - 比克瑙纳粹集中营（屠杀欧洲犹太人的地方）与分营（一群人在那里修铁路线）之间。寒冬腊月，她光着脚在冰天雪地里搬运沉重的钢轨，双脚都僵了。最糟糕的就是双脚被冻僵，因为它们是人体脂肪最少的部位，却要最大限度地暴露于恶劣的地形之上。她还记得观察人们为了生存而竞争的情景，适者生存，人性处在“最佳状态”，却丧失了最起码的尊严。你会禁不住要想，人们是不是沦落到跟畜生差不多的境地了？或者说他们能否逸入自己的记忆深处？她曾和一个年长一点儿的女人谈到这点，她三四十岁，是她的一名同狱犯人，她说她最怀念的是香烟和性爱。

1945 年 1 月的一天，德国人走了。集中营的大门敞开，苏联红军到达这里。存活下来的女人沿路走出去，走进了死亡集中营曾践踏的城镇。所有的房屋都空无一人。居民走得很匆忙，他们（凯瑟琳和其他的女人）走进去时，茶杯还摆在桌上。俄国人挨家挨户地寻找德国人。一个女孩让她上楼关上门。她在楼上紧闭的房间里待了几个小时。她为什么要藏起来呢？因为有人警告她，如果她长得好看，苏联士兵就会把她误当作德国人而强奸她。

这是她听过的最荒唐的事情了。她头都秃了，谁还会想去强奸她？但是对于女人，战后最惊恐的事情就是被强奸，正如报道所证实的，女人不必年轻貌美或衣着入时，也照样会被攻击。

幸存者坐上免费的火车，奔赴相反的方向，远离集中营。这是一条归途。

凯瑟琳知道，第一天当她和母亲一方松开另一方的手的时候，母亲就被毒气杀害了。那一天他们被运到奥斯维辛集中营后，大部分女人就被直接送到了毒气室，而她则格外幸运，被送到了相反的方向——右边，这就是一条生路。然而，身强力壮的男人则被送去充当苦役，当时凯瑟琳仍然希望她的父亲还活着，所以她回到了科希策，想找到父亲。但是当她终于到家的时候，却得知父亲已因伤寒症去世。

凯瑟琳回到自己以前的房间，和欧洲各地的犹太人一样，她也体验了回家的感觉。可是却发现自己的住所已经换了主人。或许从法律的层面上讲，这房子并不归他们，但是一个小女孩又怎么有足够的力量去驱逐一大家子人？你回到家，但是家已经不是你的了，陌生人就当着你的面把门猛地关上。

该怎么办？她可以结婚，然后开始新的生活，但是几个星期之后，她确定自己不想和另一个幸存者一起生活，那样她会一直活在大屠杀的阴影中。她喜欢上了在科希策遇到的一个男孩，但对未来，她已经下定了决心。战争结束了，欧洲仍处于战后混乱状态，成千上万的人穿过或再次穿过大陆，难民们努力寻找回家的路，复员军人朝着另一个方向走去。当他们到达目的地时,家或许已经夷为平地，或许门已锁上，或者已经在外国人的统治管辖之下。

头几个月，幸存者几乎都是凭借自己的力量活着。没有人关心，没有任何心理咨询，也没有谁去为那些刚从集中营解放出来的人进行治疗。过去一切情感和精神的创伤，那恐怖的噩梦，都被生存的渴望战胜了，他们想日复一日地活在当下。凯瑟琳所能想到的就是她想逃脱，想远离科希策。

她说：“当你刻骨铭心地爱上一个人，却遭到他的拒绝，那么你见到那个人的时候就要承受巨大的痛苦，你就想离开这个伤心地，这样就再也不会看到他了。”

她的一大家子人到最后只剩下一个表姊妹，就是她母亲姐姐的孩子。她们一起去了叔叔的家，就像童话故事一般，她们在花园的井里找到了藏在那里的金子，她就用分得的钱给自己买了新衣服。她在一间出租屋里独自生活。站在镜子前面，她发现头发开始长了出来，她看着自己穿着那件自认为很美的衬衫，终于摆脱了穿了几个月的那件肮脏的条纹粗布裙。终于，她又恢复了往日的美丽。

她先同一个男孩（另一个幸存者）去了布拉格，后来遇见了另外一个男人，便用他妻子的护照，和他一起去了罗马，她的头发染成了红色，以和文件上写的外形描述保持一致。在意大利，她就是一个难民，一个流离失所的人，联合救济委员会为她找到了一个临时的家，她就和一个意大利家庭住在一起。

“我觉得到达罗马的那一天，我的新生就开始了。”凯瑟琳说道。这是一个欢乐的城市，1947 年，战争刚过去两年，这里就充满了生机和活力。她沿着威尼托大街（Via Veneto）走着，一路上欣赏着英俊的男人，他们看你的眼神，和你交谈的方式，都显示出了他们的性欲。丰富的情感把她带回了正常的生活。她的故乡已变成坟场。那里根本没有喜庆的氛围。但是在罗马，喜气洋洋，你也可以看到来自联合救济委员会的美国人的身影。或许正是因为这点，凯瑟琳现在觉得，他们根本不会真正理解奥斯维辛集中营幸存者的痛苦，但是意大利人总会给她带来温暖，并且能够理解她的心情。从和她生活在一起的那个家庭中，她得到了非常多的关爱，比阿特丽斯（Beatrice）和她将要上大学的女儿都对凯瑟琳非常好。

“在罗马这座美好的城市里，我和父母也曾享受了许多美好的瞬间。”

*

20 世纪 50 年代早期的一天，在蒙特利尔一个聚会前夕，凯瑟琳用她丈夫（当时她还没有离婚）的签账卡在霍尔特·伦弗鲁（Holt Renfrew）买了一件价值 500 美元的迪奥授权的棕色山东塔夫绸连衣裙。在克里斯汀·迪奥生涯的早期，他就找到了一种方式以杜绝出现在北美市场上的数目惊人的赝品。他与一些百货商场打交道，授权他们出售得到许可的自己品牌的商品。这不是迪奥高级定制礼服，但是可以试图限制盗用知识产权的行径，服装行业就有一些人盗用产权，还设法混进了巴黎时装秀。

在 20 世纪 50 年代早期，500 美元肯定是一笔巨款，当凯瑟琳拿着她的迪奥礼服回到家，丈夫就勃然大怒。她怎么可以花那么多钱买一条裙子？他对她大发脾气。她抱怨说，他把她当三岁小孩看待了。但是，不管怎样，她还是穿着她的新衣服去参加聚会了，而且她知道自己很漂亮，她很开心。

“我们正在喝香槟酒，这个男人走过来了。我的衣服是短袖，所以胳膊上的奥斯维辛集中营编号就露了出来，他问我这是什么。我说我从来记不住自己的电话号码，就把它文身上了。”

他们回到家，丈夫还对她的奢侈耿耿于怀。他又为礼服的事情责怪了她。但是后来，他又加了另一条批评。她怎么可以那样说胳膊上的数字？她认为这样说很有意思。她该如何告诉他？难道要说她曾在奥斯维辛集中营待过？因为那个时候，没有人会提及自己黑暗的过去，也没有人会过问。

问题是，她丈夫不光是不想她去跟陌生人讲她手腕上的号码，还希望她能把那个痕迹消掉。或许，她也觉得这主意不错。“我站在那里说，或许这是对的，如果号码没有了，我就不记得自己身上所发生的事情。我告诉自己，我最好这样做。”

但是内心深处，她觉得丈夫想让她把文身消除，并不是希望她忘掉过去，而是因为他为她感到耻辱。胳膊上的刺字会时刻提醒她，她曾是一名俘虏。当然还是一个犹太人。

现在她觉得自己当时和丈夫一起去整形外科医生那里把文身消掉，说明她仍然是一个受害者。在整容手术刚流行的最初几年，那个医生的技术确实不怎么样。到现在她的胳膊上还有隐隐的疤痕。

凯瑟琳没有后悔做了那个小手术，抹掉了过去，直到数年后的一天，她在经营时装店的时候，一位顾客走了进来，脱去了衣服。她头发灰白，却不乏魅力，她的丈夫已经死了，现在她正和一个男人约会，想买一条新裙子。

“我问她怎么还留着那个编号。她说：‘难道你的编号没有了吗，凯瑟琳？’那个时候，报纸上登了好几篇关于我的文章，讲述我独到的品位、我的时装店、我的成功之路以及我为这座城市带来的设计师，文章中还提到了我在奥斯维辛集中营幸免于难。整个城市都觉得不可思议，因为没有人想到我是犹太人。这个女人对我说：‘我知道你曾在集中营待过，因为我在报纸上看见过。’那一刻，我开始回想我丈夫让我把文身抹掉的情景。我心想，天啊，我怎么可以做出那样的事情来啊！”

她再也记不起自己的编号了。文身被消掉之后，她在一张纸上写下了编号，但是纸却不见了。她仍然觉得进退两难，到底该怎么处理他们在她的身上留下的那些记号呢？

她对我说：“昨天我还在想着再去一趟奥斯维辛集中营，我觉得整天盯着自己的编号未必是件好事。所以这的确有两面性。”

很多奥斯维辛集中营幸存者为了避免麻烦，整天穿着长袖。以色列小说家大卫·格罗斯曼（David Grossman）讲述了自己的婚礼，当时新娘的一个亲戚担心自己在如此场合会扫了宾客的雅兴，就用橡皮膏盖住了文身。

后来，在她多伦多的时装店里，凯瑟琳不时会想起她在奥斯维辛集中营见到的浑身哆嗦的赤裸女人，她们的身体缺陷暴露无遗。作为一名女店员，看到顾客在试衣间里只穿着内衣，而把所有的缺点和缺陷都暴露出来，她就想给她们穿上衣服，把她们裹严实，不让那些充满敌意又无情的眼睛看到她们太过肥硕的臀部以及下垂的乳房。有了过去那段深刻的经历，她暗自明白了买衣服其实也是一种疗法，这种动机是顾客所不会了解的。

*

一天早上，我和凯瑟琳像往常一样，在星巴克喝咖啡，她永远都穿着一件拉克鲁瓦（Lacroix）或加利亚诺夹克，是那么地耀眼，她给我讲述了头一天发生的一件事，她当时在霍尔特·伦弗鲁买特价鞋。但是这个故事要追溯到60年前，那时她在罗马威尼托大街，在一家鞋店的橱窗前站着，她看到了一双黑色麂皮高跟鞋。当时她和一位来自犹太难民署的男人一起，他看到她脸上流露出了强烈渴望的表情，就带她进去买那双鞋。

但在奥斯维辛的卫星集中营，她曾在冰天雪地里搬运过钢轨。她的双脚依然扭曲肿胀。“虽然意大利鞋子很宽松，但是还是没有我穿的鞋子，我觉得我的鞋码已经变了。我当时非常饿，我和这个男人在酒吧里站着，他们有所有的意大利蒜味腊肠，他让我吃点儿东西，我真想把所有的东西都吃了。我就在那里吃呀吃，接着他就带我去了鞋店，可是相比之下，吃饭显得更顺利一些，我永远没有买那双鞋子。”

那天晚上，在去霍尔特·伦弗鲁买特价鞋之后，她和一位朋友一起去喝了点鸡尾酒，那个女人三十来岁，碰巧的是，她这个下午也在那家店试穿鞋子。实际上，凯瑟琳看到之前的一个顾客丢弃的鞋子，就请求试穿一下，刚好是自己的尺码。那个顾客肯定就是这个女人，因为她们一直都在看一模一样的鞋子：罗杰·维威耶、普拉达、克洛伊、周仰杰……

这两个女人，相差几十岁，都在为鞋子设计的变化而悲叹。她们穿上那么高的鞋子，简直一步都走不好。

让凯瑟琳欣慰的是，当她指着地板上一堆鞋子，让女售货员给她找一双适合自己尺码的鞋子的时候，那个女孩并没有巧妙地告诉她那是年轻人穿的鞋子。“我当时很惊讶。我开店的时候，我就会说我觉得这些鞋子并不适合你。但是她却花了足足半个小时，才为我找到一双大小合适的鞋子。之后我就从椅子上站起来，但是鞋跟太高了，穿上它们，我甚至都走不到镜子跟前。

“我想到了罗马，我对自己说，这真是对正义的讽刺，到现在我还在强烈渴望这些精美的鞋子，但是还是没有适合我的！真有趣。令人惊讶的是，现在的鞋子设计师给女人带来了很大的创伤。我不知道怎么会发生这样的事情，我想这种情况不会持续太久，因为现在鞋子的数目减少了很多，他们根本卖不出去，因为没有人能穿着这样的鞋子走路。

“那时，我在霍尔特·伦弗鲁店的时候，心里想着罗马，想着我的双脚还好好的，真的，但是现在，都过了60年了，我还是穿不了这些鞋子，这是对正义多么大的讽刺啊！我甚至都不能抱怨德国人对我所做的一切。

“你要知道，快乐转瞬即逝。你在山顶，置身高处，是多么美好啊。我想我是幸福的，因为我知道差别在哪里。悲与喜之间的悬殊，我深有体会，我有过两种极端的境遇。到现在，我依然很惊讶，自己居然能死里逃生。我依然心怀希望与憧憬。我相信我定能活很久。我觉得我的灵魂依然年轻。”

“可不要小看我所讲述的关于衣服的故事，

这可不是题外话，

因为它和故事密切相连。”

——米格尔·德·塞万提斯

(Miguel de Cervantes)

17

红鞋子

The red shoe

无论你怎么看待时尚，时尚就在那里。它无处不在，甚至在可怕的纳粹党的死亡集中营的遗迹中都能找到它的身影。

没有肤浅，就没有深邃。肤浅有时就是通往深邃的必经之路。集中营里的红色鞋子就是这样的例子，就是这样的，没有什么别的，不关乎她是否是一个好妈妈、一个孝顺的女儿，想学着成为一名医生、一位热心的读者或一名象棋高手。鞋子就在那里，它有自己雄辩的语言，能说明很多。

凯瑟琳·希尔对我说，我们穿衣服时之所以会感受到其中的乐趣，是因为我们首先是人类。穿上衣服，人类的故事才真正开始。

人们总是会对你说感到自己已经老了，但是有多少人告诉你，他们的心一如年轻时候呢？凯瑟琳有多大年纪？我知道，但我不会说。她是对的，年龄不能说明一切。她的少年时期是在奥斯维辛集中营度过的，20世纪50年代的时候耐着性子过着不快乐的夫妻生活，而在60年代，她开始了自己的职业生涯，70岁的时候她发现了阿玛尼、费雷和范思哲。需要的时候，你要自己解决问题。不过我想起了今天收到一封电子邮件，是我们的共同好友发给我的，昨晚他俩一起用的晚餐。他说凯瑟琳正在进行她的健身计划，已经报名参加了佛罗里达杰克拳击俱乐部的一个新活动。

凯瑟琳就是时尚。她打破了时尚的年龄界限，使时尚永恒，她就是有这种魔力，能把握好现在，抓住当下赋予我们的一切机会，重新塑造我们的形象。悲惨的经历使她能够了解在生活中我们对穿衣的需求以及对快乐和美的渴望。她极尽时尚的夺目光华，了解外在形式与内在韵律的和谐统一，以及如何打破固有状态来创造新的东西。这方面的知识源于她的内心深处，源于她充满惊与喜的人生旅程。

每当我想到她在“集中营”里的生活时（她总是这么称呼，很少使用“奥斯维辛”这个词），这样的一个场景便会在我的眼前浮现：

一位年轻女孩因为受不了她的耳朵露在外面，便在自己头上系了一块布条，而且这样做能让她想起她的母亲在她光滑的辫子上绑丝带时那温情的一刻，而就在几小时之前她的母亲刚被毒气毒死。

有些人声称自己不关心衣服，并对其嗤之以鼻，还有些人对时尚的活力和易变性以及我们对一件新衣服产生的渴望加以清教徒式的谴责。因为凯瑟琳的缘故，我完全无法忍受这些无名的嘲笑和谴责。

*

因为一只鞋，一只红色的鞋，我遇到了凯瑟琳。

从我看到它的第一眼起，12 年的时间恍然过去了，它的鞋跟很高，在一堆暗淡、平凡的鞋子中显得非常醒目。它绚丽无比，散漫中又透漏出些许羞涩，在橡胶鞋底和牢固的棉花鞋带之中，它格外张扬，仿佛在说，带我去跳舞吧！

到了晚上，我无法入睡的时候，有时我会通过想象这只红鞋的主人来分散自己的注意力。我仿佛见到，在一个异域的城市，一天早上她从梦中醒来，拉起百叶窗，春日里的阳光打在铜屋顶上，像我一样，她意识到这个非常时刻，她必须出去买一双红色的鞋子。或者是在巴黎，一个穿着白色睡袍的女孩用手指拨开百叶窗，她非常清醒，喝了一杯咖啡，点燃一支香烟，若有所思地抽着，然后她赶紧吃了一个面包卷，涂了涂口红，就离开了。

我在想，或许她反而有点儿老，比如 38 岁的样子，穿一件灰色的羊毛大衣，嘴角有点下垂，右脸颊上有一个红色的小胎记，她试图用耳下那波浪状的卷发来遮盖，但是没有用，因为风总是能吹开头发，露出那草莓色的小点。她走在布拉格的街道上，手臂上挎着一个购物篮，准备到市场上买胡萝卜、韭菜和鲭鱼，偶然间她路过一家鞋店，鞋店的橱窗上摆有红色的鞋子。这些鞋子摆放在一个小底座上，这样就使它们和那些平庸的鞋子分开来了。鞋子的价签从底座偷偷地探出害羞的脑袋。这时，她有一种强烈的冲动想进去试穿它们，她真的去了。如果看到这鞋子会花多少钱，即使是她那有点小气的丈夫也会发疯的。他娶她，是因为他的嫉妒和她的胎记：他无法忍受另一名男子看他的妻子。

鞋很合脚，她拿出钱包，掏出所有的钱买下这双鞋子。她把鞋子用棕色的牛皮纸包起来飞奔回家，并把它们藏在衣柜后面，藏了好几天。她甚至一次都没有想起她的胎记。

或者，她是中欧的伊梅尔达·马科斯（Imelda Marcos），一位非常富有的无聊的女人，有着数不清的鞋。她是一名寡妇，有一个年轻的情人,她绝不会允许他看到自己没有涂脂抹粉的样子。又或者，我想到一个不起眼的小店女孩或秘书，她已经攒了好几个星期的工资，经常在鞋店里徘徊，却总是担心等到她攒够了钱，鞋子已经被卖出去了。

我曾经幻想过几十种在这家店购鞋的场景。我假想一个女人买了这双鞋，然后走回家（或驾车，或乘公共汽车、电车、出租车），但无论她的生活地位、年龄、身材和婚姻状况是什么样的，有一件事我可以肯定，那就是她当时的感觉：当一个女人在服装店购置了一件新品，尤其购入一双没有实用性的红色高跟鞋时，一种愉快的、带着兴奋与喜悦的颤抖油然而生。

不管她的身份如何，我肯定她会喜欢那双鞋子，以这种或那种方式，否则它们就会一直被留在鞋店里。如果她不再喜欢这双鞋，她就不会带它们去旅行。

红色高跟鞋是存在的。如果你前往波兰，从克拉科夫（Krakow）以西开几个小时的车去参观博物馆，你发现这里还保留着奥斯维辛集中营的大致风貌（不是延伸而至的奥斯维辛 - 比克瑙集中营，它离凯瑟琳·希尔被运往的犹太人屠杀地点还有好几英里）。奥斯维辛1号集中营是死亡集中营的行政中心。这是一个游客青睐的远足目的地，也是波兰老师带学生学习历史的好地方。我不知道，他们是否真的去了。

在博物馆里，其中一个正面是玻璃的展示柜后面陈列了许多鞋子，堆得跟小山似的，这是1945年1月解放犹太人的军队在名为肯纳达（Kanada）的集中营里发现的。火车到达的那天，有人就从犹太人身上搜集了许多东西，这些东西在经过分类和处理后，就到了德国平民的手里。这一堆鞋子是有象征意义的，代表了在集中营里的25000人的鞋子，集中营一天就毒杀了那么多人，可谓达到了顶峰。

所以有人到达奥斯维辛时，穿着或在她的行李中带着红色高跟鞋，而这鞋是她仅有的东西。当我参观奥斯维辛集中营时，我被眼前的鞋子惊呆了，因为它让我想起了曾经的受害者如此轻松愉快，她们走进一家商店买红色高跟鞋，看起来是最不明智的选择。她们是人，和我们一样，是易犯错的人，她们在时尚的细小乐趣中寻找快乐和喜悦。这位没有名字的被害女子，在我出生之前就死了，我相信她买下这双鞋时与我买鞋时的心境一定是相同的。

除了更脆弱更不耐穿的内衣，和我们最亲密的就是鞋子了。通过它们，可以看出我们的大致轮廓。面对那些在奥斯维辛集中营被巧妙地堆积成山的鞋子，我看到的不是一座纪念碑，而是时尚，是20世纪30年代，红色高跟鞋风靡一时的时尚。所以，那时种族大屠杀和时尚并存，种族大屠杀是不能再可怕和严肃的了，而时尚也再肤浅不过。然而，买了红色高跟鞋的女人，再怎么专注时尚，也不过是纳粹党最终屠杀方案里的一个统计数字。

每当我买了昂贵的、穿着脚疼又多余的鞋时，我就会想到她，对于现在的人来说她只是个无名的女人。到达集中营时，她穿着红色高跟鞋或把它们放在行李箱里。在那个时候，她不是没有名字的，她有名字，有生命。自由，在某种意义上来说就是购买昂贵的奢侈品和拥有美好东西的权利。无论你怎么看待时尚，时尚就在那里。它无处不在，甚至在可怕的纳粹党的死亡集中营的遗迹中都能找到它的身影。

没有肤浅，就没有深邃。肤浅有时就是通往深邃的必经之路。集中营里的红色鞋子就是这样的例子，就是这样的，没有什么别的，不关乎她是否是一个好妈妈、一个孝顺的女儿，想学着成为一名医生、一位热心的读者或一名象棋高手。鞋子就在那里，它有自己雄辩的语言，能说明很多。

就在几个月前，当我开始写奥斯维辛集中营中的那堆红色高跟鞋时，我对它们的真实性产生了怀疑。根据建筑史学家所说，博物馆现在所陈列的东西是战后波兰共产主义意识形态修正后的产物，旨在说明伟大的反法西斯斗争。作为一个游客，你在 2009 年进入的集中营，与 1945 年 1 月由苏联军队解放的集中营是不同的。很多地方已经做了变动（比方说，建了一个食堂、厕所和礼品店等），20 世纪 60 年代有时人们在克拉科夫的一家商店买双红色鞋子是可能的，后来红色的鞋子被博物馆馆长纳入博物馆，以此来产生某种效果。

一位朋友建议我向专家罗伯特·简·凡·佩尔特（Robert Jan van Pelt）请教，他曾写了关于奥斯维辛集中营和卫星营的权威性研究，这本书在我去波兰的几年前就读过。我在多伦多发邮件给他的时候感到非常紧张，我在邮件中简单说明了我想证实红色高跟鞋是否真如传说中的那般，而不是战后人们制造的假象。我想等着我的应该是一个含糊的答复。我真大胆，竟敢把 20 世纪最大的罪行简化成一个关于时髦鞋子的话题！

然而几乎是我刚发过去，就收到了回信。他说，是的，这鞋子的确是犹太人的，可以这么说。但他的妻子米里亚姆·戈林鲍姆（Miriam Greenbaum）提出了另一个问题。我是否是那个偶尔写写时尚的琳达·格兰特，如果我是的话，我会想去见见幸存于奥斯维辛集中营并成为伟大的加拿大风格元老的女人吗？她就是向保守女性市场引进了如范思哲、阿玛尼、费雷和米索尼这样设计师的零售商。

就像她自己说的，出于一个年轻女孩想让自己看起来漂亮的虚荣心，她存活了下来。因为她知道如何改造一件衣服。

很多天，凯瑟琳·希尔都坐在她的公寓里，鼓足勇气回忆那充满痛苦、不堪回首的黑暗过去，但她总是与我分享她对时尚的惊人的洞察力以及她所知道的一些伟大的设计师的故事。就这样，凯瑟琳·希尔的故事出炉了。这么多年以来，我苦苦思考的问题也终于有了点儿曙光。什么是时尚？它的意义何在？为什么衣服对于你来说很重要？如果连你的衣服都被人拿走了，会发生什么？

凯瑟琳·希尔对我说，我们穿衣服时之所以会感受到其中的乐趣，是因为我们首先是人类。穿上衣服，人类的故事才真正开始。

我没有忘记红色高跟鞋。自从 1996 年我参观集中营以来，学生们已经恢复了其中的摆设。他们一直在为那一大堆鞋子抛光。他们发现不只有一只红色的鞋子，有好几只。红鞋子所象征的正是生命本身，是那些长眠于地下，很可能被谋杀的一个个的生命，她们喜欢穿高跟鞋，虽然穿起来可能会疼，但的确很时尚。我们不知道她们的名字。她们和记录里记载的也对不上号。但她们给未来传递了一个信息，那就是：享受快乐，人生需要及时行乐。

*

两天前，我去取我那件已经改好的新冬装外套。在此之前，我和我的朋友一起购物，对于她这个刚被派来异国工作的女人来说，衣服算是一种安慰了。她一向拒绝在繁华街道购物。我想给她看看我在耶格看上的一件外套，上面有一颗放大了的犬牙图案，配着宽松的气泡袖。我们先在一家百货商店吃午餐，还带着她两岁的女儿。从扶梯上下来的时候，我给她看了看我试穿过的一件杰哈·达黑勒（Gerard Darel）外套。这个牌子要比耶格便宜好几百英镑，或许可以代替那件了。我也不是说对它有多么着迷，只是我觉得这正是他们所谓的简单而实用的服装的完美代表，堪称经典。

“就那件？”她惊讶道。她的眼神没有了昔日的坚决果断，我的审美出错了。她给我简单地说了说那件外套的问题：两个纽扣挨得太近了；长度也有问题。这可不是恭维，我尴尬死了，赶紧把它放回衣架上。

我们推着折叠式婴儿车沿着摄政街走到耶格时装店。我心里在不停地估摸着，我一直担心一点，这件衣服太特别了，我可能不怎么会穿它；如果我要花那么多钱买这件衣服，我连续几个冬天都得穿着它，那人人都会说，看，就是她，又穿着那件血红色的外套。想要有一种标志性的风格是一回事，但是整天穿着同一件衣服是多么恐怖啊，更何况你根本找不到什么来装饰这件衣服，因为那面料，那衣袖都在大声地叫着，看我！看我！为了得到这么一件外套，你得牺牲三四件外套。

我们离开了。我试穿了几件麦丝·玛拉外套，但都让我觉得厌烦。在尼科尔·法利（Nicole Farhi），一切都让人窒息。与此同时，那个小女孩儿找到一双高跟鞋，把她那胖乎乎的双脚伸进去，还在地板上自信地走了几步，逗得店里的工作人员和其他顾客又惊又喜，而我们则不。因为她才 17 个月大，就表现出对这些生硬难受的鞋子的嗜好，她妈妈已经在伊斯坦布尔的 soukh 给她买了一双镶有宝石的阿拉丁（Aladdin）拖鞋，她还故意在家里的木地板上走来走去，脚步又重又响。

她妈妈买了一件薇薇恩·韦斯特伍德特价裙。而我还是两手空空，我想一旦我摆脱了这个挑剔的购物伙伴，我就会回去把那件耶格外套买回来，但是在那之前，我们就已经进了阿玛尼时装店。

你看到一件外套，就要找一个适合自己尺寸的。不是那件，也不是别的，就是这件。当他们拿给你的时候，所有的人都转身看，因为合适的外套、合适的裙子、合适的帽子就像是打了一个喷嚏或者达到了性高潮，刚才所发生的一切准没错。

你那个爱挑剔的朋友就会惊呼："哇！噢！"

但是衣服小了半个号。阿玛尼的工作人员给了我一个清单，上面列了他们在伦敦的所有供货商，我开始满伦敦地找那件衣服，真是浪费时间啊,但是根本没有人听说过那件特别的外套。我怒火中烧，又生气，又沮丧。

我朋友的母亲说："事情不会就这样结束的。"（直到今天早上我才发现，她居然把好多本《时尚》杂志都推到女儿的小床上，哄着她保持安静，而这个小女孩儿竟然还把杂志拿到手里，装着在读，只不过她拿反了。）

我第二天早晨睡醒的时候，仍然在想着那件外套，你就是知道，永远都知道，在处理这些事情的时候，你下意识的选择往往是最合理的决定。我打电话给阿玛尼，说我想再试一下那件衣服，因为你一定还在幻想着这种可能性，心想这件外套孤孤单单地在时装店漆黑的仓库里挂了一夜，会不会已经长长了1英寸。我以前就见过这种事情，只不过时间没有如此仓促罢了。

那天下午，我穿着4英寸高的杜嘉班纳黑漆皮高跟鞋上楼，楼上光线暗淡，都是女装，就像是一个大教堂，各种雕像在光芒四射的聚光灯下熠熠生辉。后面还有音乐声传来，我听到牧师在歌唱，还能闻到熏香的味道。我离神灵是如此之近。

我穿上那件外套。过了一夜它还是没有变大，外套能自己变大，这样的奇迹终究还是没有发生。

一位优雅的年轻男子出现了，他的翻领和袖子上都有别针，他像一只羚羊一样走过，又突然停了下来，喊道："夫人，这件衣服穿在你身上，真是太完美了。"

我觉得愤怒的泪水一涌而出。我说："太小啦！"

他说："不，不，我们可以想想办法，总会有办法的。"接着，他就开始用别针把衣服别住。

我看了一下标价，傻了眼。但是我想起了凯瑟琳，想到了所有我心爱的红皮鞋，心想："享受快乐，人生需要及时行乐。"

致　谢

Acknowledgments

首先，我要感谢凯瑟琳·希尔女士，感谢她与我分享其传奇的故事，正是我们众多早上一起漫谈时尚，才开阔了我的视野。凯瑟琳目前正在创作她自己的新书，借此将完整地讲述她非凡的一生。同时，我还要由衷地感谢罗伯特·简·凡·佩尔特和米里亚姆·格林鲍姆，感谢他们提出让我们会面的建议，感谢他们邀请我一个陌生人到家中做客。正是他们的热情好客和盛情款待才促成了我的多伦多之旅。当我问到安东尼·朱利叶斯有关红鞋的故事的时候，他首先就此作了宝贵的介绍。此外，我还要感谢爱莎浪格为我解释了有关性感的一切。

故事《小美人鱼的脚》最早出现于 2008 年 12 月的《时尚》杂志。

感谢浏览过我博客的众多读者，2007 年 11 月，我发表了拙著《穿出来的思想家》(*The Thoughtful Dresser*)，以激发人们把对服装的思考宣泄出来。有太多聪慧的女性对服装深感兴趣，她们遍布世界各地，如内华达沙漠、阿尔及利亚、沙特阿拉伯、中国香港、澳大利亚、奥斯陆等。我要由衷感谢所有回答过我问题（关于“9·11”事件过后的时尚）的朋友，现将他们的评论在此重现。

有很多的语录和格言都出自我几年前买过的一本书：由托比·托比亚斯（Toby Tobias）所著的《为衣而痴》(*Obsessed by Dress*)（灯塔出版社，2000），自此这本书就一直陪伴着我。

感谢我不辞疲倦的经纪人德里克·琼斯、我的编辑勒尼·古丁斯，他们一直都做得很好，还要感谢小布朗出版社（Little Brown Press）的所有工作人员，尤其是苏珊·苏瓦松。

图书在版编目(CIP)数据

穿出来的思想家 / (英)琳达·格兰特(Linda Grant)著；张虹译. --3版. --重庆：重庆大学出版社，2021.6

(万花筒)

书名原文：The Thoughtful Dresser：The Art of Adornment, the Pleasures of Shopping, and Why Clothes Matter

ISBN 978-7-5689-2677-5

Ⅰ.①穿… Ⅱ.①琳… ②张… Ⅲ.①服饰美学 Ⅳ.①TS941.11

中国版本图书馆CIP数据核字(2021)第083047号

穿出来的思想家

chuanchulai de sixiangjia

[英] 琳达·格兰特 著

张虹 译

策划编辑：张 维

责任编辑：陆 艳　装帧设计：Typo_d

责任校对：王 倩　责任印制：张 策

重庆大学出版社出版发行

出版人：饶帮华

社址：(401331) 重庆市沙坪坝区大学城西路21号

网址：http://www.cqup.com.cn

印刷：重庆共创印务有限公司

开本：890mm×1240m 1/32 印张：9.875 字数：210千

2014年8月第1版 2021年6月第3版 2021年6月第4次印刷

ISBN 978-7-5689-2677-5 定价：59.00元

THE THOUGHTFUL DRESSER by Linda Grant.

First published in the English language in 2009 by
Virago,an imprint of the Little,Brown Book Group.

版贸核渝字（2013）第 288 号